STYLE

&

DECORATION

BASIC

GUIDEBOOK

風格裝修

基礎課

東販編輯部——編著

CONTENTS

CHAPTER 2 工 業 風

CHAPTER 3 北 歐 風

CONTENTS

CHAPTER 4 日 式 風 格

CHAPTER 5 鄉 村 風

CHAPTER 6 古 典 風

附 錄

空間設計暨圖片提供｜木介空間設計

強調機能至上，
幾何線條設計
增添豐富變化

強調簡約、乾淨、俐落的現代風主
義，裝修空間時力求捨棄過多繁複造
型語彙，依循形隨機能、少即是多中
心思想，每一筆線條都必須賦予實用
功能性，平釘式天花出現蜿蜒或幾何
包覆，是為了修飾樑柱，設計收納櫃
體時，大多收斂線條，讓立面力求俐
落、乾淨，有時像是一幅抽象畫作，
讓人察覺不出其機能，進而達到現代
主義將機能融入設計與生活的目的。

　　簡約為主的現代風，源自二十世紀初期的西方現代主義，
其中包浩斯學派提倡功能第一、少即是多與忠於質材，在這
種訴求下，現代風強調空間實用性，以精簡為主軸，捨棄過
多裝飾、材料與顏色，落實於繁雜的世界裡，讓人感受到自
然的單純美好。

　　色彩搭配上以黑、白、灰為主要設計理念，於適當時機
搭配冷暖色調創造聚焦重點，並融入線條設計凸顯有條不紊
的俐落感。在現代風的裝潢設計中，很常採用開放通透的格
局配置，若有必要性的區隔場域，大多選擇採用清透的玻璃
隔間，藉由通透材質讓視覺穿透，達到延伸、放大效果，讓
有限的居住空間既可區隔出不同空間功能，亦能維持寬敞與
完整性，而玻璃材質具備的清透特質，同時也能為空間注入
俐落、輕盈感。

融入蜿蜒連續的天花曲線造型達到修飾樑柱的效果。空間設計暨圖片提供｜創研空間

形隨機能，美感與實用並進

　　包浩斯的現代主義最知名的主張即是「形隨機能」，意指造型和設計都必須以機能爲考量。回歸到住宅空間，在生活中不可或缺，但體積卻龐大的收納櫃體，在現代風居家空間裡，最常使用的設計手法，卽是讓櫃體形成一道簡單乾淨的立面，刻意淡化門片存在感，利用內斜、內凹直線造型、按壓式五金等方式，抑或是透過櫃體的分割，將門把融入門片中，藉此在簡約框架下增添些許律動變化。其次如選用格柵木條作爲收納櫃門，既兼具造型同時也達到透氣、散熱等用途，亦回應現代風格的功能至上的美學概念。

　　又好比直接使用鐵件勾勒出隔間櫃體結構，再結合木作貼皮，堅固耐用之外，鐵件形體的分割也自然成爲空間裡的裝飾，而材料揉合了溫潤冷冽的平衡。此外，對於過往整齊分割的收納櫃體，亦可利用非等比例的線性切割創造變化，櫃體局部門片再加入色塊點綴，讓櫃體猶如空間裡的一面端景。

平釘式天花板設計，局部包樑修飾結構

　　現代風一般多以平釘天花板為設計，利用板材將天花封平，使天花板維持在統一的高度，呈現簡約平整、清爽的樣貌，同時又能隱藏所有管線，達到視覺上的乾淨俐落，若遇到大樑結構問題，則通常會採取局部包覆的方式作修飾，藉此來削弱樑柱存在感、降低壓迫性，也能兼顧到空間美感等各種目的。

融入線條設計，創造空間的流動感

　　現代風強調運用最低限度的設計語言，線條簡單且減少裝飾元素，經常透過簡單的材質融入幾何線條的設計，例如訂製的燈具造型、天花板轉折至立面的材料鋪貼，以至於挑選具有俐落圖形語彙的家飾織品或藝術品等等，讓線條賦予空間自由的流暢與律動性，避免過於單調無趣。

以石材分割結合金屬的立面，不僅是裝飾牆，更隱藏書櫃機能，藉此呼應現代風形隨機能主張。空間設計暨圖片提供｜創研空間

風格裝修重點‧DECORATION POINT

POINT 1

配色

現代風色彩,基本上以經典的黑白灰三色為主,不過其他較為穩重的色彩,如米色、棕色或冷暖色調,皆可運用於現代居家當中,不過最重要的是把握幾個配色原則,像是一個空間避免出現三種以上的顏色,以避免視覺顯得凌亂、沒有焦點,基礎色之外可選擇一個主題色做跳色,表現在塗料或家具單品陳設上。另外,採開放通透格局的現代空間,亦可透過顏色佈局來達到隱性界定場域效果。

空間設計暨圖片提供｜創研空間

經典色、主題色與跳色運用，打造時尚個性現代風

　　強調簡單俐落的現代風居家，雖然基礎色彩傾向以黑白灰當作主色調，來展現簡約、冷調氛圍，但其實在配色上的包容性相當廣泛，既可利用單一色調營造整體一致性，同時也能選擇暖色調作跳色或主牆設計，帶出鮮明的空間性格。

　　不過現代風居家建議由牆、地面、家具所構成的大面積顏色做為空間主色調，避免超過三種以上，否則空間容易顯得雜亂，且失去視覺焦點；至於採光不足的小坪數住宅，則適合採用飽和度較低的中性色，若空間較為寬闊且光線充足的話，則不妨大膽嘗試使用高飽和度的深色，藉由濃郁色調讓空間更具質感。

經典黑白灰，掌握材質比例創造氛圍差異

提到現代風配色，具有純粹耐看特性的黑白灰絕對是首選代表色，能襯托空間主體與軟裝，具有明快俐落調性。不過即便以此三色為基底色調，仍可藉由材質或色彩比例拿捏，詮釋出不同的現代風樣貌。

若希望空間感寬闊、視覺較清爽俐落，應提高白色佈局範圍，黑灰則適度點綴於鐵件層板、櫃體等設計，而白色部分可藉由不同肌理，如塗料色、軟裝色或是材料色等運用，讓白色為主的空間依舊能創造出層次感。但如果偏好比較沉穩一點的現代感，可大膽以黑灰色為主軸，加上透過材質肌理的對比協調、光影變化等手法，凸顯深色調質感與層次之外，同時又能避免過於沉重壓迫。

單一主題色與跳色運用，彰顯家的獨特個性

除了中性黑灰白的冷冽穩重，現代風空間對顏色彩度、明度較無受限，但通常配色運用較為簡單、多為相近色調的搭配，即便跳色或撞色設計也是局部點綴使用。

例如選擇空間裡的一道立面、廚具、櫃體門片等，採用低彩度、恬靜柔和的莫蘭迪色，呈現出來的會是簡約高雅的現代風，如果對於高彩度、明度接受度高，也可以在中性色調基礎下，搭配如濃郁的紫色或冷色調孔雀藍、寶藍等，讓空間的主題與焦點更為明確，凸顯出家的獨特個性，不過要注意色塊比例與整體空間的適度對比，才不會產生壓迫感。

立面色塊變化，隱性劃設場域之別

現代風格居家注重空間的開放式佈局，公領域多半採取通透無阻礙的規劃方式，亦可選擇兩面主牆做出色彩變化，若希望視覺上較為柔和，推薦採用同色系的深淺層次變化，當然也能選擇差異較大的兩種顏色，但前提需留意彼此間的協調性。

從冷暖色調搭出現代風主題

　　雖然現代風色彩比較常以無色彩黑白灰為主題，不過也能選擇各種冷暖色彩的配置，例如將黑色與暖色桃紅做結合，可創造出帶有都會時尚風的現代氣息；當黑與紫色相互搭襯，則顯得較為神秘、穩重。

· 在中性色調為主的空間裡，以黑灰色組成的收納牆，完美結合設計與實用主張，達到收納、展示功能，視覺上也有如一道極簡畫作。空間設計暨圖片提供｜無一設計

· 現代風對於色彩包容性高，臥房適當規劃淺綠色櫃體，搭配木質基調打造清爽柔和氛圍。空間設計暨圖片提供｜創研空間

風格裝修重點・DECORATION POINT

POINT 2

建 材

乾淨俐落的現代風，線條簡約、沒有太多裝飾性語彙，是許多屋主裝潢的首選。建材選擇上，比較少人工雕琢，如果偏好現代簡單，可以挑選原始樸素的材質為主軸，如清水模、水泥粉光或近來許多特殊塗料亦可仿製水泥肌理，若希望空間多點奢華、大器精緻質感，不妨加入天然石材、鍍鈦金屬的比例。

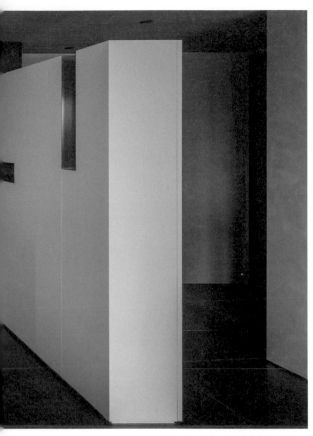

空間設計暨圖片提供｜創研空間

掌握紋理質感搭配，
現代氛圍
也能有各種風貌

　　現代風格在細節和裝飾性設計比例會降低，視覺上看起來大器、俐落，也因此材質的質感呈現與搭配反而重要，經常使用的建材包括大理石、鏡面、不鏽鋼與鐵件等工業感較強的元素，牆面裝修材料除了一般乳膠漆之外，近來手工特殊漆也大量被使用，藉由表面特殊質地提升整體質感。

石紋肌理營造簡約奢華感

　　極簡的現代風格，若想營造些許奢華氛圍，大多會採用天然大理石鋪設為地坪或是立面，藉由其材質紋理，為空間締造豐富的層次感與細緻美感。常見設計手法像是規劃成為

主牆立面,再透過分割線條、鑲嵌異材質等搭配方式,在低調中凸顯精緻感,特別是黑白石紋的搭配可營造高貴尊榮的現代氣息。

除此之外,隨著磁磚技術日趨純熟,如預算有限,也可以選用仿石紋薄板磚取代,紋路的擬真度高,加上大尺寸規格趨勢,減少拼接縫,視覺上能展現如石材的氣勢,但重量和厚度卻比石材來得輕薄,施工會更便利。

玻璃鏡面創造明亮通透

大面積玻璃與鏡面的運用常見於現代風設計中,優點是可以讓光線進到屋內提升採光,玻璃的穿透特性也具有降低壓迫、放大視覺效果,尤其是小坪數空間,能創造寬闊舒適感受。對於簡約俐落的現代風空間而言,普遍做法是以玻璃拉、折門取代隔間,除了清玻璃外,若希望保有隱私性,可改用有色玻璃或長虹玻璃,而門框材料的選擇,一般會搭配鐵件、鋁框,增加簡鍊感,如偏好溫馨柔和的現代調性,可選用木作框。鏡面多半規劃為局部牆面的裝飾性材料,藉由反射創造視覺假象,同樣能讓空間感覺變大。

磐多魔、水泥、清水模提煉現代質樸調性

隨著清水模建築、侘寂風格的興起,衍生出另一派訴求原始樸素、未經修飾的簡約氛圍,若搭配經典的黑白色調,則更能凸顯材質原始質感,並展現現代風追求的簡約、清冷調性。

以地坪為例,無縫水泥粉光或磐多魔不但能為空間創造出平滑與光澤感,亦能呈現空間的寬闊與流動性,且沉穩的灰色地板,在以白色為主軸的空間中可營造穩定且創造平衡感受,若希望注入更多

· 看似簡鍊的石材立面,鑲嵌金屬元素作線條分割設計,營造些許奢華質感。空間設計暨圖片提供|創研空間

· 大理石是現代風經常使用的材質,可提升空間的質感與精緻度。空間設計暨圖片提供|創研空間

溫暖氣息，可適當添加木質元素，結合石材轉換爲自然純淨的現代氛圍。

不鏽鋼、鐵件等金屬素材烘托現代洗鍊

　　講究俐落線條與大器質感的現代風空間，最適合搭配使用金屬鐵件，只要適當使用在櫃體層板或電視牆、家具，便可快速勾勒出極具個性、輕奢樣貌，而除了帶來質感與空間氛圍的變化外，金屬、鐵件的承重力強度比起木作或系統櫃都要來得高，尤其鐵板厚度只要 2～3mm 即可施作層板，搭配預埋於壁面的施工法，不僅有收斂空間線條效果，更能帶來視覺上的輕盈感。

　　鐵件則難免給人鋼硬、冰冷印象，但其實藉由噴漆、烤漆或電鍍等處理方式，便可瞬間改變鐵件既有的顏色樣貌，減緩材質本身的冷硬質感，例如利用噴漆噴成淺灰或是白色，便可製造自然清新效果，若想要更多奢華感或精緻度，建議可選用鍍鈦鐵件，鍍鈦顏色有玫瑰金、黃銅等可展現奢華的顏色可選擇，同時也能根據其他材質做搭配展現多元變化。

POINT 3

家具家飾

純粹簡約的現代風居家，家具家飾的軟裝陳設，應以扣合簡單線條為基調作發展，採取線條感與織品軟裝搭配展現溫暖舒適，或添加較為奢華的材質單品，如馬鞍皮、人造毛草或黃銅等，增添輕奢精緻質感。除此之外，燈光配置對現代風來說也是氛圍營造關鍵，除了選用經典款設計燈具，亦可採用混搭手法配置，以對比衝突概念，讓現代風多一點個性。

經典設計款式
與局部跳色，
創造吸睛亮點

空間設計暨圖片提供｜創研空間

　　現代風格源自於包浩斯主義，認為設計必須從需求和功能性出發，簡潔實用、注重結構所帶來的形式美感是此風格家具陳設關鍵，另外像是線條簡單、設計獨特與具有創意和個性的家飾品、藝術品也都可以讓現代風更具個人特色。

簡單線條與軟裝色搭配運用，柔化空間線條

　　如空間以純粹簡約作爲主要設計基調的話，在家具家飾的搭配上，可朝具有功能性、且帶有幾何線條造型的單品爲主，避免有太多不必要的裝飾性設計，與整體視覺才能相互呼應，呈現俐落乾淨的協調感。

當主要大型家具，像是沙發、餐桌都擇定好款式之後，可藉由織品軟裝佈置讓空間氛圍更加溫暖舒適，例如地毯、抱枕、毛毯等物件，同時也具有柔化空間線條效果，織品布紋建議搭配單色、或延續線條妝點的款式，即可讓現代空間產生豐富的層次變化。

光澤感、金屬點綴增添奢華精緻感

對於希望營造現代輕奢的氛圍，可從具有光澤質感的皮革、帶有反光或是金屬點綴的配件以及天然石材等家具家飾著手，例如一張經典的馬鞍皮革單椅、或是一盞古銅金與皮革混搭的桌燈、有著光滑自然紋理的砂岩餐桌，讓單品的細節傳遞精緻奢華與大器。

高彩度家飾與藝術品點綴，簡約中創造個性

現代風的空間立面、天花通常不會有多餘裝飾，也多以單一純色爲牆面背景色，特別常用黑白灰作基礎色，在這樣的簡約框架下，建議可局部點綴彩度較高的單品家具或家飾配件，讓空間多點變化與活潑性。此外，針對素色牆面亦可搭配如抽象畫，或在入口玄關擺上一件雕塑、裝置藝術，適當點綴增加視覺亮點。

經典、造型吊燈強化氣氛帶來亮點

現代風格也講究氣氛的營造，尤其是藉由不同光影變化展現材質的紋理層次，但是除了光源亮度之外，更注重燈具外觀造型所能創造的裝飾性美學效果。如何爲簡約的現代空間挑選適合的燈具形式，最簡單的方式是配上一盞經典款設計吊燈，經典的價值就在於歷久不衰的雋永、耐看。

另外也可以透過混搭手法，展現具有自我品味特色的現代風樣貌，舉例來說，假如空間材質主要爲不鏽鋼、鐵件，搭配簡約線條感燈具，可呈現都會時尚感，但想要多一點衝突美感的話，不妨嘗試琺瑯或鋁製燈罩，雖然比較常見運用於工業風居家，但反倒能爲現代空間挹注些許隨興、粗獷調性。除此之外，現代風居家也經常將燈光與機能整合，例如鐵件、木作層板、樓梯扶手內規劃燈帶，整體質感立即有提升效果，同時兼顧實用。

· 簡約空間框架下，局部點綴彩度較高，或極具設計感的經典款單品家具家飾或燈具，可為空間增添變化、活潑性，也提昇空間精緻感。空間設計暨圖片提供｜木介空間設計

· 米色為主的現代空間，利用家具色調表現繽紛活潑的一面。空間設計暨圖片提供｜創研空間

風格空間實例 01 · STYLE SAMPLES

材質肌理結合光線，自然純粹的現代居家

空間設計暨圖片提供—無一設計　文—celine

　　座落於田野之間的透天住宅，每個樓層以單一單元爲配置，並將身處自然環境的特性納入設計中，拾級而上來到二樓公領域，以具手感溫度的特殊手工漆模擬如粗獷水泥模板般的肌理，加上溫暖的木紋、灰泥牆面，形塑出最純粹舒適的樣貌，揉和些許石材紋理，增加視覺與觸覺感受。單層長形框架，打破樑位與空間結構，帶入如建築量體般的手法建構出垂直樓梯形體。

　　一方面客餐廳刻意模糊空間界線，藉由設計語彙的延續，如水平層板、低彩度配置產生連結；黑色廚具、石墨灰用餐區特意降低彩度，當陽光由客廳映射入內，沉穩畫面立即跳脫成爲空間端景，更爲襯托其特色。隨樓梯踏面由石材轉變爲木質基調，揭示著場域的轉換，步入三樓私領域，色調調整成暖質的白色與木紋，爲避免細長形空間樓梯間通常較爲陰暗，臥房局部搭配玻璃牆，提升採光明亮度，也讓光線成爲展示櫃體最美好的背景。

光影襯托材質肌理

二樓公共廳區為共享空間，刻意
模糊界線，水平軸線所發展的層
架，以及灰綠色調整合場域之間
的共通性，捨棄過多繁複的裝飾
設計，結合光影襯托空間中富有
層次的材質紋理。

· **手工天然材質鋪展純粹舒適**

依著住宅被自然田野環繞之故,空間材料多以天然肌理為主,如混凝土結構般原始粗獷的天花,為具有手工溫度的特殊漆呈現,配上溫暖質地的灰泥立面,穿插木紋與石紋,形塑與自然共生、純粹舒適的樣貌,不同自然材料的堆疊也強調了層次感。

· **沉穩餐廚色調成為視覺端景**

灰階低彩度為主軸的公領域,餐廚空間策略性的色彩佈局,刻意用更為沉穩的黑色、石墨黑鋪陳,當陽光從落地窗灑落入內,此區域瞬間成為空間裡的視覺端景。全開放無阻礙的光線,更襯出空間原始肌理美感,同時強化空氣和燈光的流動性,回應化繁為簡的核心理念。

· **如建築量體般的樓梯**

由餐廳望向樓梯動線處,打破空間中的樑位關係,天花延伸與俐落的線條轉折,創造出如建築量體般樓梯形體,自然光也隨著這些線條角度產生明暗變化,豐富空間表情,而餐桌的石紋則來自對於自然樣貌的設計主軸。

· **玻璃隔間讓樓梯間佈滿舒適自然光**

位於三樓的私領域臥房空間,包含更衣間與衛浴,由於居住成員僅有夫妻倆,臥房隔間局部採用通透的玻璃材質打造,用意在於為長形格局的樓梯引入充沛明亮的採光,同時光影也形成家飾陳列最自然的輔助燈。有別於公領域材質的豐富,臥房為白色搭配木紋基調,營造柔和與溫暖的休憩氛圍。

低限設計與三原色 描繪後現代風格

空間設計暨圖片提供——木介空間設計　文——陳佳歆

　　一對年輕夫妻的新居，男主人本身是設計師，在為空間定調前先整頓空間格局及動線，原本三房配置加上位在空間後段的廚房並不符合生活需求，因此首先減少一間臥房，並將廚房往外移到鄰近入口處，兩房格局加上開放式廚房設計使公領域更為開闊舒適，也提升了生活場域的使用機能及舒適感。

　　空間格局配置完成後，開始為空間注入調性，男主人沒有特別設定風格，只是將個人喜好的設計物件添加進去：整體空間徹底以白作為主色鋪陳，與理性俐落線條呼應現代簡約樣貌，客廳以使用機能考量規劃足夠的收納，沒有多餘裝飾設計僅利用大面書牆作為端景，櫃子中所蒐藏的藝術品、書本展示成為最好的裝飾，呈現屋主獨一無二的喜好。在這個極簡的空間裡，男主人利用耐人尋味的經典家具來賦予個性，在白色畫布中大膽選擇紅、黃、藍色彩三原色的家具飾品，在條紋地毯襯托下令人聯想到藝術家蒙得里安的作品，一種從秩序中看到對美感要求的生活態度。

減少一房展開客廳舒適感

三房格局對兩人小家庭來說有點
多，移除鄰近客廳的一個臥室，
加上開放式廚房規劃，提升客廳
使用感受。

· **背窗沙發位置增加空間視野**

客廳沙發特別背窗放置，充足落地窗光線因爲坐向背向光源而感覺更柔和不刺眼，也能面向整個公領域空間視野感覺更開闊。

· **格狀書牆展現屋主品味**

屋主有許多設計藝術類藏書，利用大面積書牆來收整書本同時作爲展示，書櫃旁邊則規劃同樣高的櫃體，用來收放較大型的行李箱或者電器等物品。

· **原色家具打造後現代藝術氛圍**

以白色打底的空間呼應筆直線條呈現的俐落空間感，再擷取後現代設計元素加入幾何造型，以及紅、藍、黃飽和色系，巧用軟裝等特色家具打造空間風格調性。

· **開放廚房擴展生活場域**

將原本卡在空間後段的封閉廚房整個外移到入口處，同時考量瓦斯管線配置問題，及配合輕食的烹調習慣改採用電磁爐，使得公領域的使用更爲多元靈活。

坐擁大面採光與天然綠景的簡約現代宅

空間設計暨圖片提供—構設計　文—喃喃

　　在這個約五十坪的空間裡，最大的優勢便是擁有大面採光，屋主本身也希望能將這個優點融入空間設計，於是設計師首先將陽台重新設計規劃，藉此讓陽台與室內空間銜接、裡外串聯，無形中有放大空間效果，也讓人更願意走出室內，來到陽台欣賞引面而來的綠意；原先位於客廳後面的架高和式，並不符合使用，因此結合清玻材質築起一道隔牆，藉此隔出更實用的書房，而光線也能穿透玻璃隔牆，提供整個公領域充沛的採光。

　　屋主喜歡較為現代俐落的風格，因此整體空間以白為主調，簡單點綴一些黑，來豐富視覺變化，材質使用上除了使用較多的磚材、玻璃等建材外，同時也適量加入木素材，雖然並非大面積鋪貼，但可讓空間質感更富有層次，達到畫龍點睛效果，同時也能提昇整體空間溫度，讓人身處其中，也能感受到一些愜意放鬆氣息。

以細節設計堆疊空間品味

追求現代簡約空間的同時，在電
視牆加入溝縫做線條分割，低調
製造視覺變化，同時在牆面表面
採用烤漆，以此來提昇立面精緻
質感。

· **融入木質元素，降低空間冰冷感受**

在這個簡潔的現代空間裡，木素材選擇鋪貼在櫃體、天花與牆面，採用局部或腰牆方式做表現，看似使用面積不大，卻能豐富空間元素。

· **內外空間串聯擁抱自然美景**

陽台架高與室內幾乎沒有高低差，藉此虛化內外界線，讓人不自覺走到陽台感受戶外自然景色，而延著陽台打造坐椅，讓人可以輕鬆恢意地在這裡享受療癒時光。

· **相異地坪材質界定落塵區**

利用木紋磚拼貼，劃出玄關落塵區，同時延著玄關右側牆面規劃頂天鞋櫃，讓玄關、鞋櫃串聯成一個合理的出入動線，且靠牆安排可弱化櫃體存在感，維持開闊感受。

· **天然石紋肌理增添主臥奢華感**

以進口石紋美耐板拼貼成的背牆，藉由天然紋理成為空間視覺重點，與此同時減化其它設計元素，只在牆面兩側採用鏡面材質，藉此襯托主牆設計，也讓空間多了點輕盈感。

風格空間實例 04 · STYLE SAMPLES

流動光影下，感受柔和溫暖現代氛圍

空間設計暨圖片提供—無一設計　文—celine

　　面對有限的小坪數住宅，為了打破密閉空間的特性，設計師於入門處創造了一面流動性強烈的弧形天花板，試圖劃破整齊的秩序性，讓人甫進門即可感受到高低層次，視覺得以延伸、更為活潑。全室採取簡約俐落的設計，壁面覆蓋著舒緩柔和的大地色調，藉由手工塗料工法，創造出訂製紋理飾面，同時適度穿插具天然肌理石材，堆疊出不同質感效果。

　　除此之外，在光線規劃上，深思熟慮太陽折射角度及光線能為各種環境產生的照明效果，將最大限度的自然光引入室內，包括臥房隔間選用通透的玻璃材質，公私場域間以餐櫃建構洄游式動線設計，賦予不同時空與光線的記憶，而空間尺度也在光的引導下得以形塑更為寬闊舒適的效果。一方面，客廳窗框與牆面特意斜切，增加現代居家細節，更使得此道窗面猶如一幅畫作般，甚至於房門一側看似平整俐落的石材壁面，實則隱藏了小型櫥櫃機能，回應現代風所訴求，內斂低調中包容著各式可能。

洄游動線帶來光線的通透

公領域餐廳與步入私領域之間，
設置了一道餐櫃作為區隔，可環
繞的洄游動線不但創造通透寬敞
的空間尺度，一方面也使得光線
能恣意流動於家中每個角落。

· **弧形天花打破空間秩序賦予活潑變化**

入門後的餐廳空間，以一道弧形天花板勾勒，劃破原本整齊方正的框架，賦予層次延展了屋高。依循著柔和線條概念，配置圓弧造型餐桌、吊燈，簡約空間充滿了流動性。

· **光影變化堆疊材質肌理層次**

低調內斂的空間設計，在舒適的燈光安排之下，運用大地色調的手工塗料，局部搭配天然石材鋪陳檯面、層板，即便是柔和色調也具有不同色彩溫度，同時彰顯其細膩質感，也藉由光線變化將不同材質肌理堆疊出豐富的視覺層次。

· **玻璃隔間創造自由流動光影**

臥房隔間與床頭主牆一側，皆採用玻璃材質，讓光線能自由流竄於各個空間，床尾另一端設置更衣間，鐵件玻璃拉門創造通透輕盈的視覺感，而覆蓋與床頭一致的大地色調塗料立面，實際上為豐富的收納櫃體，將量體巧妙削弱其存在感。

NDUSTRIAL

空間設計暨圖片提供｜維度空間設計

堅固柔情工業風・
住出眞我態度

十九世紀末，正值二次工業革命風起雲湧的年代，實用主義開始啓蒙，降減成本與更有效率的模組化設計，成爲工業化社會追求的主流，這樣的時代背景爲建築與空間開創了全新的「工業風」思維。在建築結構上簡化過多修飾與遮掩，在空間規畫與家具設計則以廠房爲架構，並著重工人作業時需要的簡約桌椅與耐用考量，完全實事求是的設計元素，讓工業化風格水到渠成。不過，當時居家裝潢並未隨之起舞，工業風仍侷限於工廠、辦公室內，甚至沒有人預料到未來工業風竟會走入住宅，而且以這充滿力量與結構感的元素逐日茁壯，成爲空間設計風格主流之一。

　　隨著時代巨輪的轉動，早年農牧生活逐漸被工商活絡的社會取代，工業風不只一腳踏入工廠、商場與倉儲空間茁壯生根，並以強烈結構感的空間畫面，讓人無法忽視工業風的實用性格。另一方面，一般屋主在求新求變與尋求個性化的心態下，看膩了過度裝飾的室內風格，讓人耳目一新的工業風元素，反成爲返璞歸眞與自我追求的新態度。

工業風掀起風潮，助長了住宅格局的開放改革，讓家呈現通透、流暢空間感，也讓工業風變出更多樣貌而貼近生活。空間設計暨圖片提供∣維度空間設計

簡化隔間，敞朗格局更自由

　　工業風盛行與家戶人口數逐年減少有一定的關連性，以往多代同堂、家戶人口數較多，爲了隱私需求，在空間規劃時多以隔間牆作切割並界定區域，但牆面一多容易讓格局愈切愈小；而現今小家庭或單身宅愈來愈多，隔間牆反易影響家人互動，同時也會阻擋採光、讓人覺得陰暗窒息，更開放式的格局已廣受屋主接受。在扭轉格局設計的思維後，工業風中最關鍵的簡化隔間牆，甚至也不用天花飾板，改以通透、裸露天花板的敞朗設計完全合理化了，不僅讓原本僵化的住宅樣態鬆綁，更成爲自由無拘的象徵，同時也有助於讓屋高升高、空間放大，對於中小住宅來說也很合適。

金屬材料爲工業風加添柴火

　　想了解工業風，自然要溯源至工業革命的產業巨變，當年歐洲挾著機器快速製造與礦藏大量開發等立基點，歐洲一時之間工廠林立，大量機器取代原本的手工勞動力與畜力，同時金屬材質被廣泛運用在工廠內與生活中，這也爲工業風設計加添柴火，除了在廠房建構時運用了更多金屬建材，在家具、家飾與生活用品製造上也見到了金屬元素，例如桌椅結構、櫥櫃、燈具，甚至皮革沙發、家具上都還要加上鉚釘或金屬線條元素作美化……這些設計不只讓工業風家具更耐用，也影響風格表現與設計美學，讓工業風設計變得更酷、更有型。

率性地將格局問題變成特色

　　室內裝修講究隱惡揚善，最簡單就是把看起來不太美的都遮蓋起來，但工業風反其道而行，減少遮蔽的飾板、放棄多餘裝飾正是工業風一大特色，最常見的是天花板上直接裸露的橫樑、不需包覆設計的柱體，以及經過整配的電線管路或金屬包管，這些原本總是被遮掩的細節都率性地被彰顯；另外，房子就像素顏一樣地露出水泥本色，這樣忠於原味的設計，讓人回到家後覺得更自在、不做作。由於不包樑、不包柱的設計，可以讓空間凸顯出建築的結構感，甚至將空間的畸零感變成特色，成為獨特的設計元素，這些畫面能為空間注入更多量能，這也是許多人喜愛工業風的理由。

樸拙建材基調詮釋生活態度

　　與其它風格相較，工業風設計常運用的建材相對單純，主要不脫離水泥、磚牆、金屬鐵件、木材……等，以基礎建材為主，裝飾性建材較少，希望以此醞釀出樸質、素坯感的生活氛圍，更重要是工業風設計中，會讓建材盡可能地以原始樣貌呈現，營造了耐用、不浮誇的印象，甚至凸顯出自然而個性化的空間感，除了賦予空間低調氛圍，生活在其間也能放下偽裝，面對真實的自我。

· 隨著生活富足與人們對於住宅的個性化追求，開始揚棄過度裝修的空間，而強調建材原味的空間也逐漸受到注目。空間設計暨圖片提供｜庵設計

· 工業風緣起於十九世紀末，強調現代而無華的建築格局架構、實用而堅固的建材以及猶如廠房的色調應用。空間設計暨圖片提供｜庵設計

Loft 風、輕工業風

工業風好體質
滋養出 Loft 基因

　　「實用至上、舒適其次」的工業風，究竟適不適合應用在住宅中其實見仁見智，不過，專業設計師認為：工業風能為你的空間奠定優良體質，讓居住者在堅實而不做作的簡單架構下，依據自己的需求來變換軟裝或混搭其它風格，變造出自己專屬的獨特生活樣貌，就像是後來演化而生的 Loft 風與輕工業風。

loft 注入美式精神與人文基因

　　工業風在二十世紀初輾轉吹進美洲，當時在紐約 SOHO 區的藝術家，基於環境條件克難與自由不羈的人格特質，開始將當地的廢棄工廠與舊倉庫改造為工作室或住居，形成更具有靈魂、並自帶藝術氣息的 Loft 風，與工業風的開創不盡相同，Loft 風格有種窮則變、變則通的韌性與幽默精神，形同為工業風加入美式大無畏精神與人文基因，逐漸風行於全球，甚至比原本工業風更受世人喜愛。

閣樓與通透格局營造懷舊感

　　Loft 風與工業風一樣，起源於高大寬敞的工廠或倉庫，也一樣在隔間上盡可能採化繁為簡的設計，讓空間通透與流動性更佳。不過，Loft 風格中更常見有裸露的木橫樑與樓梯等結構，尤其是在複合樓層的結構中，則會展現出挑高或斜頂閣樓的不平整格局，也成為 Loft 特色之一。至於在隔間上主要是隨居住者的生活作安排，或以活動家具來取代隔間牆；建材部分多半沿用工業風的紅磚牆、鏽蝕鐵件或舊的木棧板、穀倉門、工業風家具等，重點在善用手邊的可用物品。

藝術因子成為 Loft 風關鍵

　　前面已談到 Loft 風與工業風最大不同就在於藝術性，由於當時的藝術家們在節省預算的考量下，會將原本舊倉庫破損、斑駁的牆面直接保留，對於藝術家而言，時間

· 從美國蘇活區發跡的
Loft 風格，與工業風最
大不同在於自帶藝術基
因，而紅磚牆與美式家
具的加入也更顯舒適些。
空間設計暨圖片提供｜
維度空間設計

· 時下流行的輕工業風擺
脫重工業風格的粗獷與
冰冷，加入簡約而較細
緻的線條，讓風格更宜
居且有質感。空間設計
暨圖片提供｜維度空間
設計

留下的痕跡也是一種天造的創作藝術品，甚至藝術家們信手拈來加入一點創意，就能
將頹圮的牆面變成完美畫布，或者是擺設掛上自己作品來作裝飾即可，而正是這種畫
龍點睛的藝術特質，讓 Loft 風格更爲自由且獨一無二。

混搭各式風格形成輕工業風

　　當然，不是每個人都是藝術家，也不一定每個空間都有閣樓或複層格局，但仍可
以將工業風的經典元素帶進居家，以工業風混搭現代簡約設計，或是與北歐風、日式
風、甚至與古典風撞擊出新的輕工業風格，重點在於掌握開闊、通透格局，不加漆飾
的仿水泥牆或地板，以及裸露排列的水電管線與天花板等硬體元素。另一方面，隨個
人想混搭的風格再加入適度裝飾設計，並賦予現代化的機能與舒適設備，就能讓工業
風與不同風格完美混搭，滿足現代人內心深處住著的純淨而不羈的靈魂，這種輕工業
風的混搭設計，也讓工業風精神可以貼近現代人的生活空間。

風格裝修重點 · DECORATION POINT

POINT 1

配 色

傳統認爲工業風在配色上較有侷限性，確實，空間配色並非工業風設計最精彩之處，主要原因在於去裝飾化就是工業風的基本態度，所以在空間色調上最常見以大量無色彩的灰、黑、白爲主旋律，此外，就是以建材原色作爲配色設計重點。不過，即使只是單純運用建材來調配出空間色彩與溫度，在灰階背景的基礎色調中，還是可以發展出多種不同象限的配色方式。

空間設計暨圖片提供｜成立設計

灰階空間
與建材交織的
主副旋律

　　許多人對於工業風的色彩印象就是灰泥色，無論是天花板、牆面甚至地板都鎖定灰泥色，但這看似清水模的泥牆其實也是大有文章，除了灰色有不同色階外，牆面常常要經由仿飾漆作特殊設計或仿舊處理才能有完美效果。

　　甚至有人連插座蓋板或家具都要挑選灰色或金屬色調，讓空間更能呈現純淨感，落實以重度建築感的畫面基調。但是如果是住宅空間，建議可在空間中適度加入幾件軟件織品來暖化空間感，或者利用更多燈光、壁爐、鏽鐵或木質等材質家具單品，活化空間的生命力。

重工業風：灰調 × 黑鐵 × 原色

與灰色牆面同樣屬於工業風的標準配備，就是金屬與黑鐵了。正如前面所提到，金屬材質算是工業年代的重要原料，也是成就工廠快速發展的要角，這原因讓耐用的金屬建材成為工業風不可或缺的裝潢元素，例如金屬包管線、鐵網片或鐵件家具、鐵梯⋯⋯等，無論是黑鐵或鋁、銅等金屬色調，都能讓工業風更顯原汁原味。

此外，以灰色搭配原色的黑、紅、藍色也是工業風常見的配色。想重現重工業風氛圍，可以在金屬色外再加入低調的深藍、暗綠等冰冷色調，透過冷色系的牆面，更能圍塑出工業風的純粹與暗黑空間調性，而紅色元素則能與灰色空間作為反差對比，凸顯主人的鮮明個性。

Loft 風：灰調 × 紅、灰褐磚牆

磚牆也是工業風重要的元素之一，屬於暖色調的紅磚牆，可軟化灰色牆面的冷漠感，若喜歡低調氛圍也可選灰褐或白色調磚牆。喜歡 Loft 風格的屋主，可以考慮在以灰色為主的空間中加入一面磚牆來做為主牆，除了在色調上能夠快速轉換氛圍，磚牆也能夠為空間增添建築結構感，並以磚牆獨有的肌理表現來改變空間質感，讓空間更具有知性與藝術感。

輕工業風：灰調 × 大地色

同樣能為空間加溫的還有大地色調的木裝潢或皮革色，在強調裸色建材的工業風中，木建材或定向纖維板（OSB 板）多半以原色調來呈現，或者可搭配空間色調，將木建材加工作染灰或染黑處理，藉由木皮染色來微調出較明快或較深沉的空間感。

另外，也可選擇皮革家具作為工業風的點睛品，例如單椅、沙發或骨董寶物箱⋯⋯透過木、皮革等大地色調的混搭、調和，可以讓工業風一改冷漠氣息，營造出懷舊且人文的空間感。

· 原色感的藍色主牆能為空間營造陽剛感，是工業風空間中常與深色木質、鐵件等元素一起出現的配色設計。空間設計暨圖片提供｜庵設計

· 灰階色調是工業風空間的基礎色調，搭配的軟硬體設備也可挑選金屬色調，讓畫面不被干擾而且更有協調性。空間設計暨圖片提供｜維度空間設計

· 工業風配色主軸多半放在硬體色調上，通常是以灰、黑、白色作為主調，再加入木質或燈光來暖化氛圍。空間設計暨圖片提供｜成立設計

風格裝修重點 · DECORATION POINT

POINT 2

建材

工業風以「實用至上」作爲風格主張，捨棄裝飾材而讓基礎建材直接成爲風格顏值擔當，因此建材選用的重要性高於其它風格。從類似毛胚屋結構的水泥、磚牆，到協助生活功能設計的實木、金屬板、以及鐵件等工業用建材，共同的使用原則就是盡量降低裝飾性，只有在考量舒適性上作些簡單保護，讓工業風建材堅持最基本的態度。

剛性建材

取代裝飾材

成為設計亮點

空間設計暨圖片提供｜裏心空間設計

　　天花封板是多數風格設計中不可或缺的一環，但工業風卻以裸露天花板為重要標記，而不經修飾的天花板可直接使用水泥色調或以塗料來作簡單保護，或是以模板重新來壓製出特殊的粗獷紋理，這些做法通常會採用仿飾水泥砂漿或各種仿清水模的灰泥塗料來施工，目的就是營造出倉庫或廠房的毛胚建築環境。這些類水泥的塗料也會被使用於牆面，藉由不同手法來創造自己想要的工業風。

泥、磚、水泥板圍塑素牆感

　　牆壁的面積大，可以傳達出完整的視覺效果，是各種風格裝修的必爭之地，對於工業風來說也不例外。最常見的灰

泥牆、磚牆、文化石牆，以及纖維水泥板或木質水泥板等，這些原本用於基礎結構的建材，在工業風的空間中則可直接使用於表面，施工後頂多加上保護漆，不會再多做包覆或修飾，因此，施工必須更精準且細緻，這也是工業風工程的不易之處。

整齊金屬管線增添理性因子

工業風很重要的建材之一就是金屬管，最常見的就是包覆水電管路或消防、空調管線的金屬管，原本這些管路都是被藏在牆面中，施工時不用太在乎美觀，若要避免被蟲獸咬損或裸露發生危險，只需包覆塑膠管即可，但是在工業風中則要以工整的金屬管排列在天花板上，而且也要考量與天花板或裝修上的配色，例如黑色、原色或是紅色、銅金色……爲空間風格增添理性因子，也是另類的裝飾元素。

金屬板材躍上舞台成爲主角

金屬材料是促進工業時代發展的重要材料，無論在工廠中或是生活上都有多元的應用，而在工業風空間中也不例外，例如鑄鐵、黑鐵、不鏽鋼、鍍鈦……等金屬都是。另外，常用於工廠的鍍鋁鋅板、烤漆鋼板也被用於工業風室內設計，成爲獨特風格元素。從玄關鞋櫃的黑鐵擴張網、不鏽鋼檯面，或是沖孔板金屬燈罩、加厚鍍鋁鋅板作成樓梯踏階……這些原本在室內裝修中較少見的建材，都成爲工業風的指標元素。

OSB 板、實木、棧板增添生活味

木建材是工業風中較少數能暖化冰冷氛圍的建材，也使工業風空間更適合一般居家生活。其中最具有特色的工業風木建材之一，就是被稱爲 OSB 的定向纖維板，這是由木屑纖維交錯壓製膠疊而成的板材，因爲具有輕量、高強度等優點，同時外觀具有自然與裝飾性，在倉儲或辦公室都常見，也是工業風常用的建材。另外，實木條、板材、木棧板也常會被應用室內木作裝修中，不過，想讓木建材在工業風中更出色，必須掌握粗獷的視覺感，例如可以選用有節眼的木建材，或加作仿舊處理的設計，這些木材上的紋理、觸感不僅能增加風格細節，同時也更能凸顯年代感。

・以仿清水模塗料刷出水泥牆面，搭配 OSB 木板牆以及深色木天花、仿舊卡扣地板，重現了懷舊氛圍的工業風。空間設計暨圖片提供｜庵設計

・建材會左右工業風調性，透過淺木皮、白色鐵道磚及金屬風管、鐵件吊櫃等明快建材，讓空間顯現清新氣息。空間設計暨圖片提供｜維度空間設計

風格裝修重點・DECORATION POINT

POINT 3

家具
家飾

任何風格的設計都需要找到平衡，工業風在簡化硬體隔間的修飾與裝潢後，自然必須運用更具質感，或者更有特色的家具或家飾來平衡整體設計感，畢竟大家嚮往的是工業風，而非真的住在陽春的工廠中，因此，工業風家具或飾品成為工業風設計關鍵之一。

空間設計暨圖片提供｜庵設計

經典配件重塑
工業年代與場景

你喜歡工業風低調、無拘束氛圍嗎？為了讓家更舒適，一張皮革大沙發自然是少不了的，無論是原皮色或是黑色沙發都可以，若能搭配仿舊處理則更有味道；另外，也可以挑選厚實而寬敞的鉚釘皮革沙發，甚至是復古絨布沙發，這種復古中帶點貴氣的姿態與工業風的粗獷硬體形成迷人反差。至於在單椅部分則可挑選現代或北歐風的經典款皮椅來搭配，理性的風格與工業風陽剛氣息很契合，也是不錯選擇。

木鐵家具高冷霸氣暗自發光

最經典的工業風家具，莫過於以木、鐵為原料打造的家具或家飾，常見有鐵製架構的木質坐墊椅款，或純鐵製的餐椅、高腳吧檯金屬椅等，運用鐵件架構來強調耐用性，再搭配部分木結構來增加舒適性與溫度，成為工業風的最佳材質搭檔，採購時可以挑選碳化木搭配黑鐵製造更是經典設計。

當然也有完全以金屬鐵件打造的款式，例如復古舊化的鋁鐵櫃、鐵桌，更多的是訂製家具中加入金屬沖孔板或擴張網等材質做為門片，這些設計都能夠為空間增加高冷感，提升工業風的霸氣。

工業風燈飾是空間溫暖來源

照明燈飾稱得上是工業風家飾的重中之重，主要是住宅是長時間久待的生活空間，任何風格都必須要考慮溫暖、放鬆的感受，而照明除了本身是發光體，燈款的設計與材質也能像點睛品一般讓空間提升質感，因此，足夠照度與細節是很重要的。

建議可在工業風空間以多層次燈光來規劃照明設計，除了可選用軌道燈外，也可添購幾盞吊燈來應用，例如復古圓燈、裝飾有螺絲的金屬工業燈罩，以及取材自工廠的防爆燈，在燈泡外有鐵線保護的設計，甚至礦工吊燈或復古航海燈……而色調普遍以灰、黑或古銅色……等較為樸素的色澤，搭配黃光來營造暖心的空間氣氛。

復古元素為工業風畫龍點睛

工業風的硬體裝修著重於機能提供，至於天花、壁面、地板則盡量維持毛胚的狀態，因此，家具家飾就顯得更為重要，若能再加入工業年代的復古元素就更容易營造氛圍。例如在門把或櫥櫃上可加上古銅色五金配件來勾勒出復古質感，貨艙中常用的木棧板也可移入家中作成創意家具，重現工廠粗獷、不羈的氣息，或將門片換上造型穀倉門，將倉庫的場景搬進家中，若再搭配磚牆或泥地就能讓工業風更傳神了。

· 黑鐵結構的木櫥櫃算是工業風經典家具款，加上仿舊木色與鐵製把手讓人很難忽略它，搭
　配北歐風抱枕更顯活潑。空間設計暨圖片提供｜維度空間設計

· 燈飾可提升工業風空間質感，是重要設計環節，建議分層設置軌道燈、吊燈、壁燈等，款
　式與顏色則依空間選配。空間設計暨圖片提供｜維度空間設計

風格空間實例 05 · STYLE SAMPLES

斜向格局，混搭簡約的毛胚工業宅

空間設計暨圖片提供—維度空間設計　文—Fran Cheng

　　嚴格來說，這算是工業風與簡約風的混搭空間，維度設計說明：對單身屋主而言，甚麼風格不是最重要，如何在 35 坪空間裡滿足生活需求，並能邀約朋友同樂才是設計重點。因此，團隊從毛胚屋接手後討論約 3 個月時間，最終提出把長方形基地作斜向格局的提案，藉此拉長動線來放大空間感，同時透過動線集中設計，將原本位居各角落的餐廚區、臥室和儲藏室都拉近，並形成前廳格局，讓空間提升坪效，再多朋友來訪也不顯擁擠。

　　設計師認為工業風想要更到位，主要還是在建材鋪陳，所以從玄關的擴張網吊衣櫃、鐵架皮椅、仿飾水泥砂漿牆面、復古磚、鐵件櫥櫃以及適度的木建材運用，不只忠實呈現粗獷工業風色調，同時講究簡約的線條與造型設計，也讓空間更符合屋主品味。設計師也提醒：工業風本身是優異體質，在硬體架構中可搭配各式家具家飾，就能讓家住出自己的味道。

灰色階中酌加木質暖化空間

在灰泥的主基調中，除了運用漸層復古磚電視牆與黑色皮革沙發來凸顯率性的工業風格外，還加入斜貼的木紋天花板與木百葉窗元素，得以微調空間色調與溫度，也更適合居家環境。

· 木、鐵櫃與皮椅迎來工業風

進門後除了以地板材質界定落塵區，鐵件木製吧檯則具有遮蔽與區隔內外的屏風作用。而玄關兩側配置木製櫃體滿足收納需求，另一側皮革座椅搭配擴張網片打造的吊衣櫃等設計，也強化工業風的入門印象。

· 集中動線創造十字路口前廳

在滿足二房二廳的隔間同時，設計師將原本端正格局的動線轉為斜向串聯，藉此創造了如十字路口般的前廳格局，既可滿足屋主招待朋友的社交需求，也化動線於無形，並在此安置兩座嵌入式壁櫃來增加收納與展示機能。

· 長吧檯與斜格局玩出大空間

由餐廚區延伸至前廳的一體式長吧檯設計，一來可延伸視覺，同時可讓兩處的設計材質與元素相呼應，為 35 坪室內營造出更具設計感的大空間，而通透視覺效果也成為整體工業風的成功基石。

· 地板高低差增加客廳層次感

在減少隔間牆設計前提下，轉而利用地板高低差來定位客廳格局並增加立體層次感，而嵌入式沙發擺設則讓居家氛圍更放鬆；另外，開放式餐廚區以簡約灰牆、鐵製吊櫃與木吧檯等元素，建構出客廳最佳背景。

風格空間實例 06 · STYLE SAMPLES

極致「黑」凸顯空間採光優勢，細膩手法打造質感極簡工業宅

空間設計暨圖片提供—成立設計　文—鍾侑玲

　　年輕的屋主夫婦買下兩戶電梯華夏打通成一戶，打開寬敞空間尺度，卻也導致天花出現高低參差、大小不一的 6 支橫樑，在視覺上產生壓迫和凌亂感。設計師於是結合木作局部包樑重新梳理天花線條，再加入軌道燈和線燈設計來修飾樑柱量體，構築整齊有序的視覺感，同步釋放舒適屋高。同時，將空間佈局進行大動作變更，讓客餐廳的整體空間較為方正完整，又拆除不必要的隔間改為開放式多功能區域，打開空間互動性，讓夫妻倆擁有各自的工作區域。

　　風格呈現則以「極黑宅」為主題，訴求極簡的生活主張，盡可能降低牆面造型，就連收納櫃也減至最低限度，改用木、鐵、磁磚、清水磚、仿清水模塗料、消光黑的廚具等，豐富空間材質的閱讀性，堆砌沉穩內斂的空間氛圍。而暗色系的運用不僅沒有帶來壓迫感，反而襯托出光線灑落空間的明暗變化，彰顯空間絕佳採光優勢，更進一步加強視覺景深、消彌橫樑的存在感。

移動家具兼具舒適和使用彈性

適當縮小客廳佔比,簡單擺上一
張類似懶骨頭、可自由移動的單
人沙發保留空間彈性,兼顧客廳
應有的舒適性;同時,拆除窗邊
不會使用到的儲物間,改成書房
使用,壁面包覆上紋理分明的噴
黑木板,呼應「極黑宅」的設計
主題。

· **卸下場域隔閡,打開自在不拘的生活主張**

拆除多餘隔間解放寬闊的空間感,規劃成運動休閒區和女主人創作空間,盡頭一座書櫃採取錯落有致的編排方式,形塑公區的另一道端景;天花板則刻意塗黑,再斜放一座線燈暗示視覺動線朝向臥房方向延伸,有效模糊了樑柱高度落差。

· **加厚樑深收齊櫃體深度**

刻意加厚樑深與下方的鞋櫃、電器櫃、料理檯面收齊於一致深度,整合成一道平整的立面,還隱匿著一根柱體;空間尾端利用輕薄的清水磚砌出一道工整的牆面,營造 LOFT 的粗獷氛圍,又帶有一絲細緻質感。

· **裸露天花塑造整齊有序工業質感**

把餐廚區域移往空間的前端,透過地坪材質不同場域界線;雖然受限屋高較低,選擇將管線樑柱大膽裸露出來,但經過仔細排列打造簡潔有序的畫面,也更有設計感。

· **自然素材勾勒寢臥柔雅品味**

將公領域質樸氛圍延續至臥房佈置,運用義大利仿飾塗料裝飾床頭主牆,搭配木製、藤編、織料等家具,結合自然素材與細膩紋理營造質樸溫暖的色系氛圍。

輕工業療癒宅 內蘊現代精神的

· 立體摺痕電視牆體現知性感

除了有沙發後方手感水泥牆作爲主視覺聚焦,天花板水泥砂漿包覆的裸樑、軌道燈則強化工業風印象;另一方面,餐區以集成木的粗獷紋理,與電視牆白色摺痕的立體感默默融入現代元素,構成知性感的現代輕工業風格。

空間設計暨圖片提供|庵設計　文|Fran Cheng

　　屋主雖偏好工業風,但考量預算與格局狀況後,庵設計建議以現代與輕工業做混搭風格設計,希望藉由現代設計來尋求更好格局配置,再以手感牆、軌道燈與鐵件滑門等重點裝飾強調工業風格。

　　這是棟地下停車場與地上二樓的透天建物,由於連結停車場的樓梯是屋主主要出入動線,但樓梯也是讓客廳格局受阻的主因,因此決定將沙發周邊作墊高地板設計,從樓梯踏階延伸至沙發底座、再到窗邊臥榻,營造出降板客廳的放鬆氛圍。接著運用陶砂骨材爲原料,親自打造出泥作感的沙發背牆,結合降板沙發與鐵件滑門,醞釀出獨一無二的輕工業風。而與手感牆對應的電視牆則如白紙折線的立體設計,展現俐落風格,工業與現代既是主從,卻又和諧地互動,也創造另類設計趣味。

批刀手作牆打造另類工業風

設計師親手以批刀手作打造出工業風手
感牆，雖不是傳統工業風樣式，但粗糙、
復古的龜裂表面讓牆面具立體紋理與頹
廢質感，搭配鐵件層板裝飾擺設，以及為
了遮掩電箱而設計的押花圖騰假柱體，更
顯獨特韻味。

工業風元素成功改造樓梯間

為鬆綁被樓梯間限縮的客廳格局，將原本
樓梯隔間牆改以鐵件滑門，搭配地板升高
與降板沙發設計放寬客廳格局與視野。樓
梯間面向餐區則以黑鐵格柵作成屏風與
門拱，搭配黑色吊燈更添工業風格。

融入生活態度的
隨興工業宅

· 木框玻璃窗注入復古韻味

做爲書房兼客房的空間，打掉半牆以玻璃取代，並搭
配使用兩種不同玻璃，藉由比例分配製造視覺變化，
除此之外，特別在上方做開窗設計，讓工業感居家更
具設計巧思趣味。

空間設計暨圖片提供｜裏心空間設計　文｜喃喃

　　屋主是一對年輕夫妻，對於家的風格兩人很明確表示喜歡工業風，並在確定要進行
裝修的同時，開始收集購買可運用在空間裡的家具家飾，希望藉此讓家可以散發屬於自
己的味道。在此前提下，設計師首先要做的，便是透過細心規劃與材質運用，將這間新
成屋刻意做舊，像是原來的白牆看起來太過現代、乾淨，於是改以質感接近水泥的樂土
來鋪陳牆面，不只瞬間變身工業感空間，同時也散發能讓人情緒沉澱下來的寧靜氛圍。

　　接著將工業風重要元素之一的木素材置入，爲了避免單一材質過於單調，選用不同
木材種類、木色來做表現，在達到豐富空間元素目的的同時，也能軟化水泥、鐵件、玻
璃、擴張金屬網等屬性冷硬的材質，讓冷調的空間，能多點居家空間該有的溫潤手感。
而當空間框架完成後，將屋主收集的家具家飾及燈具擺放進去，注入居住者特有的居家
品味，也讓空間風格更加完整。

·材質混搭打造專屬工業況味

採用施工更快速的樂木，來打造空間基調，接著再透過裸露的管線、木素材以及家具等，來堆砌出工業感，其中有著濃濃工業感的燈具，都是屋主從國外各地淘來的珍貴物件。

·融入個人特色展現生活感

進門玄關區，除了以水泥材質、擴張金屬網、木素材等材質，來呼應工業風，另外，還加入露營用單椅、洞洞板、黑板漆等元素，來製造更有人味的隨興樣貌。

CHAPTER 3

北 歐 風

NORDIC

空間設計暨圖片提供│日居室內裝修設計

永續設計風格
從自然環境衍伸的

明亮、簡約、寧靜、優雅是多數人對北歐風（scandinavian style）的印象，之所以會造就種空間風格，跟當地氣候環境和民族性有很大關係；北歐國家位於北極圈附近，包括瑞典、挪威、丹麥、芬蘭、冰島等國，擁有得天獨厚的地理環境，位在高緯度位置、晝短夜長，讓北歐人更重視空間材質、採光和色彩。隨著近年台灣愈來愈重視居家生活趨勢，自然低彩、清爽明亮，又極具溫暖療癒的北歐風，便成爲時下受注目與喜愛的一種居家風格。

　　位於北極圈附近的北歐國家，有著銀白的雪地、蓊鬱的森林、不可思議的極光，然而北歐國家有「氣溫低、光照弱、冬季漫長」的共同點，於是發展出一種因著當地環境氣候所衍伸出來的北歐風格。由於北歐冬季漫長，大地長年被白雪覆蓋，不同於熱帶地區國家的繽紛熱鬧，反而呈現出一種安穩寧靜氛圍，而寒冷的氣候使得當地可用資源有限，人們外出行動也極爲不便，因此北歐人所設計的東西大多著重經久實用、線條簡潔、極少裝飾，而這樣的設計風格影響了「極簡主義」及「後現代主義」，甚至啓發「工業設計」所強調的「形隨機能」設計理念。

　　形隨機能指的是在滿足各層面需求的基礎上仍兼具設計特色，從大家最熟悉的瑞典家具品牌 IKEA 的產品中，就不

難發現北歐人的設計思維，不但思考到整體外型，也注重細節特徵，同時考量到產品的生產、包裝流程，當然也少不了人因工學，這些構成家具的元素同樣反應在北歐人對空間的思考，與實用主義相呼應的北歐式極簡，而相對於居家空間的規劃，重點便在於精神的展現。

藉由開放格局，將光線引入每個角落

由於日照時間較短，讓北歐人特別重視空間採光，這也是北歐風格最爲重要的元素之一，因此運用各種能讓陽光灑入室內的設計，儘可能將開窗放大引入最大面積的日光，並且採用開放式格局使自然光線在空間中有更好的延伸效果，同時增進家庭成員之間的互動，透過空間凝聚家庭關係也是北歐國家注重的事情，而充足的採光不僅能使室內看起來更加明亮、清爽，溫暖的陽光也帶來明朗朝氣。

簡約線條結合低彩配色，形塑極簡不失溫度的居家空間

重質不重量的北歐人，很早就將可持續性的思維注入設計之中，因此無論是家具或空間都以最簡單的線條來詮釋，空間沒有過度繁複裝潢，就不會輕易隨著時間或潮流而褪流行，相對地，可以減少重新裝修過度浪費資源的狀況；和現代風空間最大的不同是，在簡單線條的空間裡，北歐風擅長搭配大量白色來呼應明亮採光，與此同時具有北歐特色的居家大致上已經成形，接著便再以低彩度、高明度的家具家飾來裝飾，利用具有設計感的家具，來爲簡單的空間增添特色。

加入天然材質與質樸手感，營造家的溫馨感

北歐人非常珍惜夏季在短暫陽光下與大自然共處的時光，造就他們崇尚自然的個性，加上北歐擁有豐富的森林資源，將自然元素帶入居家是理所當然不過，而處於寒冷的低溫地帶，因此生活空間中大量運用木材營造較爲溫暖的居家感，木地板及木作家具是絕對不可少的元素。除了木材之外，也將柔軟淺色的綿布沙發與棉麻料窗簾、抱枕等，使用各種自然材質製造的家飾帶入居家，共同構成與自然共生共存、療癒放鬆的氛圍，這些天然材質大多以呈現原始質感的方式處理，不多做表面修飾，也呼應可持續性的環保思維。

· 北歐日照時間短，因此特別重視採光，北歐風居家會儘可能引入最大面積日光，並採用開放式格局讓光線可延伸至空間裡的每個角落。空間設計暨圖片提供｜庵設計

· 北歐風空間雖追求極簡線條，但與現代風最大的不同，是會透過木質調家具、充足採光、低彩度配色，營造療癒氛圍，讓簡約空間更具家的溫度。空間設計暨圖片提供｜浩特設計

風格裝修重點 · DECORATION POINT

POINT 1

配色

北歐風配色有多種變化，但所使用的顏色同樣脫離不了與自然環境的關係，配色上主要有幾個原則——大量留白、用色單純、低彩色彩，爲了呼應長年披著靄靄白雪的大地，同時延續可持續性理念，室內多以白、淺灰色單一色系大片貫穿空間，再加入其他低彩度的家具點綴色彩，單純的背景色使空間其他元素有更多發揮。而低彩度色彩也都截取自然山林植物的色系爲靈感，整體上呈現低調卻蘊藏著活力的視覺感受。

空間設計暨圖片提供｜浩特設計

明亮配色與
自然色彩
展現大地生機

從北歐色彩搭配中可以分析出一個較爲常用的配色公式：背景色＋主體色＋點綴色，然而這樣的配色公式仍然可以依循 6：3：1 的黃金搭配比例。如同先前所提到，北歐常以白色、淺灰色作爲背景色大面積使用，再利用家具、軟裝作爲主體色創造空間主視覺，這也是爲空間定調的色彩。

整體大範圍的配色框架完成後，再利用燭台、花器、藝術品等作爲點綴色加入，選擇配飾的材質仍以金屬、玻璃或者陶瓷自然材質爲主，造型和顏色同樣不能脫離整體色調走向，參照主體色具體的佔比後，可以選擇相近色作協調配色或以反差色帶動視覺，前提是在色度或色相上要彼此協調。

與環境呼應的質樸自然配色

印象中經典的北歐風配色就是白色搭配淺木色，白色最能營造明亮、簡約與舒適的空間氛圍，而善用環境資源的北歐人，大量的森林色彩就成了空間最重要的色感來源，運用木質家具裝點空間，不但使得單一的白色中多了一份溫暖的感覺，樹木製做成家具還能擁有良好的保暖效果。

若是想要讓空間增添一點個性，白色之外加入黑色及灰色來搭配原木色，呈現另一種較為當代的北歐風，同時再與金屬、棉麻、竹藤交互運用，營造既鮮明又溫潤的視覺效果。

擷取自然元素營造療癒氛圍

大自然就是北歐人的調色盤，在白色基礎顏色之外，其他配色的靈感則取材自岩石、泥土、樹葉、花朵等大自然素材，這些大地色系帶有撫慰功能，是北歐風格中永不褪流行的使用色，而這些來自環境的顏色運用在北歐居家中都揉合了灰色調，像是粉灰色、藍灰色或者湖水綠等，呈現如在清晨雲霧中的低飽和及低彩度，這些散發著沉穩、寧靜氣息的色系，使整體空間更具質感耐看，與白色為基底的空間搭配下達到和諧空間的效果，使人感到身心平靜。

點綴飽和色彩展現樂觀開朗一面

除了上述的不飽和低彩度的中性色，其實北歐人也會重點式的運用高飽和色彩，像是芬蘭品牌 Marimekko 最著名的印花圖騰家飾、餐瓷，拿來為簡約空間作點綴，或者瑞典家具品牌 IKEA 也可以看到飽和度高的家具。然而高飽和並非高彩度，而是強調大地色彩的濃度，北歐配色仍是以自然色彩為核心，重點是掌握好配色比例局部搭配，形成一種協調又不失重點特色的色彩組合。

· 北歐風空間以白或低彩度配色為主，有時會採用高飽和度的色彩來點亮空間，只是色彩選擇上，仍以自然色系出發，才能與空間其它顏色，形成協調又有重點的色彩搭配。空間設計暨圖片提供｜日居室內裝修設計

· 白色基礎色之外，其他配色靈感多取自岩石、泥土、樹葉等大自然素材，整體色調或許看似略帶冷調，卻散發出讓人心情沉澱的寧靜氣息。空間設計暨圖片提供｜木介空間設計

風格裝修重點 · DECORATION POINT

POINT 2

建材

崇尚舒適、自然生活感的北歐人，擅長利用環境素材來打造生活，造就空間與自然緊密融合的特性，在大面積的白色或灰色的基礎色調上，大量使用木材質打造天、地、壁，或者加入棉麻、藤編織品等軟調的材質元素，再利用綠色植栽的點綴裝飾，賦予空間與自然共存的生命力，在明亮光線的照映上傳遞尊重環境的北歐氣息。

空間設計暨圖片提供｜木介空間設計

善用自然素材
營造溫暖紓壓氛圍

　　身處林地資源豐富的高緯度國家，北歐人生活的各層面皆仰賴森林，因此木材質絕對是北歐居家空間最重要的元素，北歐室內大量使用隔熱性能較好的木材有利於室內保溫，像是木地板，或是帶有設計感的原木家具等，都能表達出北歐的生活態度。

　　另外像是籐編、鐵件、玻璃、陶瓷等也都是北歐常使用的材質，軟裝部分則是採用親膚性較好的棉質、麻料，並且保留材質原色營造出溫暖無壓的空間感受。

源自當地森林的淺色原木材質

　　北歐風格居家中所使用的木材，是生長在寒帶地區的樹木，像是楓木、橡木、雲杉、松木和白樺等，這些木材大多屬於淺木色，因此與日式風格常使用的梧桐木、黑胡桃木、山毛櫸、孟宗竹等不同的地方，在於北歐風的冷色調搭配淺色木質元素，形塑寧靜清爽的視覺空間感。另外，打造北歐風所使用的木材不需過度修飾，儘可能挑選木結明顯的木材強調建材原始性，凸顯材質源自環境的純粹，而未經上漆貼皮等加工的原木，天然紋理就成爲效果最好的室內裝飾，再透過不同的拼貼手法增添設計變化，實踐將自然元素引入室內的精神。

天然環保灰泥表現自然灰色調

　　取用當地材料打造空間一直是北歐風設計的核心理念，而取之於自然的水泥所呈現的天然灰色調能爲純白空間增添空間色感層次，斯堪地那維亞半島的灰泥也常運用在北歐居家空間中，在台灣也有許多水泥塗料能打造自然灰泥的效果，像是後製清水模塗料、礦物漆等都是採用水泥爲原料的表面材，其中利用台灣水庫沉積淤泥所研發的樂土，就是回收再利用最具代表的天然環保材料，這種天然泥灰有許多優點，不但能調節空氣濕度，創造乾爽不潮濕的綠色居家，加上若是以手感鏝抹出肌理，再與其他自然材質搭配，就能爲空間帶來質樸自然的感受。

粗獷材質搭配清透明亮玻璃金屬材質

　　除了木材之外，天寒地凍的傳統北國，磚石或鐵鑄壁爐成爲家戶常見的材質元素，這些擷取於自然的材質都是北歐室內常見的裝飾材質，共同的特點是表面上不做複雜的雕工或裝飾，在空間裡善用這些材質的原始特質能爲居家增添特色。像是廚房料理檯面可採用略帶手感的石材，或者在不同材質轉換之間利用金屬材質去修飾收邊，也可以在把手等細節使用鐵件零件，讓金屬與溫潤木材相互搭配，藉以營造既鮮明又柔和的視覺效果。另外，爲了讓光線無阻礙穿透空間，採用未經特殊上色加工的清透玻璃也是重點，才能呈現北歐風格乾淨俐落的空間感。

· 木素材一直是北歐空間最常使用的建材，挑選重點是，盡量避免過度修飾，儘可能保留木素材原始性，木色最好以淺色為主，或選用帶灰的木色，讓空間更具沉穩、寧靜氛圍。空間設計暨圖片提供｜木介空間設計

· 藉由櫃體的手感木素材，與地面的仿石磚，來呼應北歐風的自然元素，同時透過不同材質的相互搭配，展現北歐風格不失溫度的俐落感。空間設計暨圖片提供｜浩特設計

POINT 3

家具家飾

當北國冬季來臨時黑夜時間隨之變長，北歐人待在室內的活動時間自然愈久，家就成爲他們最重要的生活場域，美麗且實用的家具家飾能營造出輕鬆愉快的居家時光，而以人爲本因應生活需求而生的北歐家具不僅在經典上留名，也在當代創新中令人驚艷，現今北歐家具不但代表著耐用與實用，也引領著風格與美型，更是打造北歐風格居家的重要關鍵。

空間設計暨圖片提供 | 浩特設計

經典家具點裝點空間
創造居家特色

　　北歐人伐木產業的盛行，家具業一直都是北歐的傳統產業之一，環境因素造就出他們中庸與可持續性的設計態度，逐漸發展出屬於自己獨特的美學觀點與風格脈絡，細數當代經典家具的指標性人物許多都來自北歐國家，像是丹麥設計之父 Finn Juhl，以及以經典單椅聞名的丹麥國寶級設計大師 Hans J. Wegner，以及設計燈具的代表 Poul Henningsen 等，都創造出歷經近百年仍歷久不衰的經典家具，直到現在仍適合當代人類的生活需求。

　　北歐風格家具色調單純，線條簡單，不可或缺的木材質家具也給人一種自然、溫暖的調性，在選擇搭配上只要掌握一些訣竅就能輕鬆營造溫暖且時尚的居家風格。

掌握家具與空間比例大量留白

十分重視「留白」藝術的北歐風，根據空間尺度選擇適合大小的家具搭配，是打造北歐風居家氛圍的第一步。以單品作爲重點裝飾，在公領域配置沙發、茶几或邊桌時就要斟酌空間與家具之間的尺寸，儘可能讓量體集中同一個區塊擺放，拉高留白比例使空間看起來更加寬闊。

而留白空間也不盡然完全不作任何裝飾，善用一些設計單椅、立燈等獨立的單品增加空間焦點，由於是獨立擺放，這些單品可以作爲藝術品的概念來處理設置，在造型選擇上最好具有特色或者顏色上稍微跳脫主色調，讓空間視覺較爲平衡。同時善用可移動式家具優勢，一方面延長家具可持續使用的時間，也增添場域自由變化度。

細節處混搭材質勾勒空間層次

使用低飽和、低彩度的顏色是北歐風格的特色，雖然能讓居家氛圍柔和，但若是配比不適當反而容易使空間變得平淡沒有生氣，如果想讓整體風格更有層次感，不妨運用不同材質的家具或者家飾相互搭配，例如，在以木質調爲主的空間裡加入布沙發搭配皮革單椅，或者桌面擺放金屬製檯燈，在明度一致性的基礎下，也可適度增添一些高彩度、高飽和度顏色的家具，都能在北歐的清新調性中增添個性，也使整體氛圍更顯活潑。

維持風格屬性一致體現設計精神

想要打造到地的北歐風格，選擇北歐品牌家具準沒錯，他們自成一格的美感，所設計出來的家具很容易讓人辨識出調性，但隨著每個北歐家具品牌的設計師不同，所設計出來的產品風格上也有所差異，常見的有偏向自然溫馨的「鄉村北歐風」，特色在於原木材質及圓潤收邊，還有強調極簡設計的「現代北歐風」，特色在表現俐落摩登的線條，雖然都是簡約造型，若要相互搭配，仍要留意整體一致的協調性，才能眞正體現北歐人與自然環境共存，可持續性的生活態度。

· 在極簡的北歐風空間裡，可藉由家具家飾來妝點空間，大型家具色彩可以低彩度色系為主，家飾品色彩可大膽一些，讓空間更有明亮活潑感。空間設計暨圖片提供｜日居室內裝修設計

· 木質家具是北歐風格不可或缺的元素，可選用線條簡單、淺木色為主的單椅、餐桌等，凸顯北歐風自然、溫暖調性。空間設計暨圖片提供｜日居室內裝修設計

重點色彩佈局
扭轉老屋缺陷，
形塑簡約北歐風

空間設計暨圖片提供—浩特設計　文— celine

　　27 坪的 30 年老公寓改造，因著過往作為出租使用的關係，重新大幅整頓格局，變更為以夫妻倆為主的使用型態。整體空間採用清爽白色調鋪陳，並局部選擇幾道立面以色彩重點妝點，搭配家具燈飾與屋主收藏相互搭襯，貫徹倆人喜愛的簡約北歐氛圍。原始老公寓前陽台予以保留，利用地板材質界定場域屬性，無法更動的結構牆面，改為刷飾深灰顏色，窗型冷氣洞口以木作修飾成圓形，扭轉成為家的特色端景，並以此中性深灰為原則，讓公領域客廳依循著此色調配置收納櫃體。

　　推開玻璃拉門進入半開放書房，採光充沛的條件下，暖膚色、淺木質與白色壁櫃的搭配更顯清爽明亮。往餐廚空間望去，稍微提高木質比例的搭配，挹注溫暖氛圍，而走道底端較為陰暗處，則特意選用深綠色彩鋪陳，結合掛畫點綴，成功轉移光線的薄弱缺點，化身吸睛視覺焦點，同時形塑北歐空間清爽乾淨的特點。

簡約框架以便日後添加喜愛物件

空間基礎框架以簡約爲主軸，避免帶入過於個性化的設計元素，讓屋主夫婦能添加喜愛的生活物件妝點。

· **用顏色與造型把結構牆變端景**

老公寓改造保留前陽台引入充沛採光，面對無法更動的 8 吋結構牆體，巧妙透過深灰色彩與木作勾勒圓形造型，變身爲一道視覺端景。相鄰的書房則以長虹玻璃拉門區隔，兼顧隱私與光線的穿透效果。

· **自然溫暖且兼具實用的日式北歐**

揉和日式北歐風格居家，天地維持大量比例的白色，餐桌椅、餐櫃家具以及地坪則搭配自然木頭材料，吊燈擷取與廊道主牆一致協調的綠色，在溫暖素雅氛圍中有畫龍點睛效果。一方面利用公寓樓梯產生的畸零角落，規劃出實用的儲藏空間，刻意採斜面且外開設計，讓進出動線與內部使用量都達到最大尺度。

· **經典壁掛層架打造美型簡約收納**

主臥房承襲簡約北歐樣貌，床頭刷飾帶灰階的綠色調，木質家具烘托溫暖氣氛，壁面適當加上瑞典 String Furniture 最經典的壁掛層架，滿足視覺陳設與實用功能。

· **玻璃磚保留光線兼具私密**

主臥規劃半件式衛浴空間，考量老公寓鄰棟距離近，爲保有隱私與光線，將窗戶改爲玻璃磚材質，加上並非主要淋浴衛浴，在牆面設計上採用塗料與方磚搭配，視覺上更爲活潑。

風格空間實例 10 · STYLE SAMPLES

焦糖淺暖棕色
營造下班後療癒居家

‧牆面遮擋盥洗台創造完整餐區
將原本建商外露的盥洗台利用加高牆面遮起來，同時
也形塑出完整的餐桌擺放位置，牆面嵌入小收納櫃，
前後都能置放各種隨手使用的小物品。

空間設計暨圖片提供｜日居室內裝修設計　文｜陳佳歆

　　父子倆共同居住的小坪數住宅，屋主初期和設計師溝通時表示，希望空間溫馨舒
適，下班回家能有放鬆的感覺，而且喜歡無印良品簡約造型的木作家具，然而設計師
不全然以印象中潔白的日系風格定調，而是運用溫暖的色彩調和出柔和居家氛圍。

　　空間格局沒有大幅度更動，僅以居住需求作微幅調整，利用磁磚和木地板的材質
轉換區分內外，室內增加牆面來遮蔽原本外露的盥洗台，使整個公共區域範圍更為明
確，同時給予餐桌適當的擺放位置。空間色彩以棕色為主色調，再利不同深淺來豐富
層次讓空間不會顯得呆板，主牆搭配彩度相近的暖綠色讓空間呈現一致性的溫暖色感；
色彩鋪陳完之後，根據空間位置配置適當家具，輕盈的淺木色呼應空間柔和質感，與
天然棉麻、藤編等軟件織品和協相融，最後選擇一盞簡約的工業風吊燈點綴在餐桌上
方，為平穩的空間帶出些許個性。

· **柔和暖色營造放鬆居家氛圍**

為了打造一個下班後能放鬆的居家空間，
利用不同深淺的棕色及暖綠色搭配，與造
型簡單的淺木色家具傳遞出無壓的空間
感。

· **巧用折疊拉門創造站立衣櫃**

屋主想要有一個站立式衣櫃，方便靈活搭
配各種收納道具來使用，由於臥房坪數有
限，因此以折疊式拉門創造一個收納量充
足的獨立空間。

風格空間實例 11・STYLE SAMPLES

配比打造當代北歐風
調配色感與木材質

空間設計暨圖片提供─木介空間設計　文─陳佳歆

　　工程師背景的屋主喜歡乾淨俐落的空間感，同時希望能有家的放鬆氛圍，然而日式風格不是他心中的風格選項，空間的樣貌在屋主描述下有了基本輪廓。橫向長形空間，在格局不變的情況下，透過一些簡單裝修增加生活所需機能，然而入口位在中間位置，格局自然往左右安排，但打開大門後空間便一覽無遺，因此利用一道獨立櫃體作為進入空間的視覺緩衝，同時界定玄關和餐廳區域；櫃體結合多種收納機能，面對玄關一側為鞋櫃，面向餐廳另一側則設計成雜誌收納架，一本本的雜誌封面就成了裝飾空間的畫作。

　　空間以白色基底搭配暖灰色來呈現屋主期待的簡約調性，再適度添加木質元素平衡空間溫度，感覺較為溫暖愜意，除了理性的白和灰之外，廚房及客用衛浴立面特別漆上女主人喜歡的綠色，柔和的綠因為客廳落地窗引入的日光，隨著不同時段微微變化，與空間的留白及純淨色彩譜出北國般的優雅風情。

簡約線條帶出實用機能

在空間格局不變的情況下，以機能導向規劃空間機能，沒有多餘的裝飾設計以大面積空白留出呼吸空間，讓空間回歸居住本質。

· **低彩度家具打造雅緻風格**

空間以白色為基調，搭配灰色沙發、窗簾等軟裝家具，電視牆下方加入淺木材質為空間融入自然元素，運用低彩度色感呈現寧靜理性的感覺。

· **多功能櫃體區分內外區域**

在入口玄關處設計一座櫃體區分內外，同時形成一個洄游動線，鄰近廚房的區域也能形成一處完整的用餐空間，一旁漆上綠牆的立面使空間有了視覺焦點。

· **加入木材質營造溫暖寢居**

臥房空間延續整體空間風格，但考量到休憩的舒適度，在床頭牆面增加木素材的比例也局部漆上柔和的綠色，使臥房感覺更為溫馨放鬆。

· **經典設計家具點出北歐風格**

入口收納櫃形成接續空間的玄關廊道，收納位置也順著動線規劃，並且利用北歐設計家具作為端景強調空間風格。

hygge！滿滿生活感的北歐木居

· 簡約恬淡的布紋牆 & 淺木櫃

為了幫助屋主實踐自己對居家的想法，也配合豐富品項的家具、家飾品，所以空間上以灰調簡約的布紋壁布電視牆，右側配上日系淺木紋的牆櫃來呈現休閒感，再搭配木紋理較明顯的地板強調北歐氣息。

空間設計暨圖片提供｜庵設計　文｜Fran Cheng

　　屋主本身是位工業設計師，對於自己喜歡的事物有明確想法，但了解隔行如隔山，同時需要變更格局的情況下，決定還是請設計師來幫忙規劃空間。特別的是屋主一開始就將想買的家具、家飾，以專業簡報方式提出來與設計師作溝通，這也更有助於釐清屋主喜歡的氛圍。

　　於是，設計師建議以溫馨、清新的簡約空間作為格局基礎，也獲得屋主認同。首先，將書房、餐廚與衛浴間作改造，接著以暖白色牆面搭配淺色木皮，及單一牆面跳色來統一空間色調，這樣設計主要是考量屋主的家具已經夠豐富，而且也更能忠於原味地呈現出屋主喜歡的生活感風格。機能部分則以系統櫃在電視牆旁混搭了日系無印感櫃體，書房則有木作貓跳台，透過留白的牆櫃設計則讓空間更有呼吸感。

· 果綠牆色爲家抹上北歐風

爲了達成屋主想要的生活格局,將新成屋
重新規劃隔間後,再以暖白主色調與一抹
開心果綠牆作跳色,搭配淺色木櫃與木紋
地板,打造出簡單北歐風空間,最終放入
屋主精心挑選的茶几、斗櫃、條凳……來
作爲空間主角。

· 木製貓跳台牆融入書房生活

書房以玻璃拉門作隔間,讓空間不因隔間
而被切割變小,同時在這裡爲愛貓規劃了
貓跳台牆,除提供貓咪活動跳躍外,櫃體
還有展示、收納機能,而淺色木紋櫃更讓
空間顯得溫馨而紓壓。

JAPANESE

空間設計暨圖片提供｜成立設計

自然素材 x 留白規劃，提煉雅而不華的生活場景

日式風格的重點在於「整理」，從飲食、穿著、用具的每一件事情，當地人都給予認真的對待，並經過不斷地反思、篩選之後，運用一種秩序性的手法呈現於住宅空間中。因此，不論是在極簡的侘寂風格、沉靜悠遠的日式禪風、重視美型收納的無印風格，或充滿蓬勃朝氣的日式雜貨風格，都呈現自然簡約的空間氛圍，透過簡單線條搭配自然材質，營造乾淨耐看的日式居家美學。

　　日本是台灣人出國旅遊最愛去的國家之一，而日式的居家裝修風格，一樣深受台灣人喜愛，主要可分為禪風、無印風、侘寂風、日式雜貨風四種風格。雖在細節上表現有所差異，卻都承襲日本當地的生活與人文特色，再經過自我的「整理」與「反思」之後，呈現出各自對生活的不同詮釋。

自然素材砌築雅而不華的平靜氛圍

　　日式風格是發源於日本當地的裝修風格，展現出細膩、內斂、質樸的東方文化特質，並融入諸多日本傳統建築元素運用於空間規劃，如：幛子門、凹間、榻榻米、木格柵等，都是很明確的日式風格元素。配色上，不同於現代風常見的冷色調和北歐風的活潑繽紛，日式風格多半以暖色調為主

軸，沒有強烈跳色對比，而是擅長以簡約線條、自然木紋、棉麻、盆栽花藝等，搭配寬大門窗引進自然光線的流動，鋪排空間機能與平靜樸實的生活氛圍。

秩序性收納，營造實用又舒適的空間感

原則上，日式風格並不是一個很難實現的裝修方式，除了運用大量的木質元素之外，性格嚴謹、對於事物有著細膩觀察的日本文化，也反映在對於居家生活的細節重視。空間規劃強調以「人」為本、駐足細節，重視對生活的收納與整理，透過實用的收納機能和多功能設計讓空間利用最大化。

整體收納規劃講究一種秩序性，不會有太多繁雜的裝飾，而是透過方格櫃、層板、洞洞板、展示架等不同收納形式，將生活所需的各式物件進行分類整理，根據需求也會加入一些棉麻、藤編、布材質的收納籃，展現簡單舒適又整齊有序的視覺感，即便是物件較多的日式雜貨風格也不例外。

「留白」設計，讓空間自然呼吸

而日式美學的另一個重點，則是「留白」。不急著去填滿所有空間，而是透過減法哲學和開放格局為主軸，減少隔間劃分延伸出寬闊的空間景深，並善用開窗和通透設計讓每個角落都能感受到明亮日光與空氣的流動，搭配溫潤柔和的色調，釋放簡約、無壓、不侷促的空間尺度，以及日式風格特有的禪意氛圍。

為了維持恬淡、清爽，甚至是「空」的視覺樣貌，日式風格一般採取平釘天花板來隱藏雜亂管線，打造乾淨平整的空間感。配色主要以暖調的白色與淺木色為主，加上大量留白規劃降低空間壓迫感，形塑簡約又有溫度的生活氛圍。

日式風格元素提煉人文美學

如果想要融入更濃厚的日式風情，也可以選用木格柵、障子紙規劃輕隔間、櫃體門片，或採用塌塌米鋪設地板打造多功能和室。此外，白色紙燈也是很經典的日式風格元素，能提供空間柔和的光線照明，也能加入一些陶藝品、鐵壺、畫軸等和風擺飾凸顯日式的人文美學，而充滿朝氣的綠意植栽也經常出現於日式居家的佈置，為空間增添活力，更顯舒適、舒心。

· 在多功能和室鋪設塌塌米,來為空間注入濃厚的
日式風情。暨圖片提供|木介空間設計

· 以暖白色呼應空間大量的木素材,搭配大量留白
規劃打造寧靜、雋永的生活氛圍。空間設計暨圖
片提供|成立設計

自然素材構築實用機能，隱藏於素雅外表下的職匠精神

簡約、自然、木質調是貫穿日式風格的主軸元素，但每個人腦海中的畫面可能都不一樣，日式禪風、無印風、侘寂風、日式雜貨風，都是日式生活的一種方式，展現於居家佈置中。

日式禪風，枯寂美學展現東方特有禪意

日式禪風的發展受到佛教禪宗思想影響，強調「禪」的意境落實於居家空間，透過簡練的線條、融入大量自然元素來營造雅而不華、寧靜悠遠的東方文化內斂美學。因此，充滿日本傳統建築文化風情的是木格柵、障子門、榻榻米和室、花器與茶具擺設等，都是營造日本特有禪意風格的重點元素。整體色彩運用也會相對沉穩，並強調空間與自然的融合，像是枯木山水意象的庭園造景，或是在室內擺放日式花藝和松柏類的自然盆景，烘托濃厚的日式禪風意境。

日式無印風，簡約、自然、明亮的舒適機能

由品牌「無印良品」所掀起的日式無印風格，整體氛圍更為簡潔、明亮，並且充滿機能性和實用收納，受到許多小資族、小家庭的喜愛。在無印風的空間中，一樣可以看見大量木質和自然元素，像是淺色系木地板、無垢材家具、棉麻布料，以及各式收納道具打造的美型收納，再加上充足的採光和「留白」的空間感，給人一種輕盈自然的舒適感受。

· 降低硬體與裝飾性元素的堆砌，運用大量留白營造恬靜空靈、沒有雜質的空間感，讓生活少了點匠氣、多了無拘的自在氛圍。空間設計暨圖片提供｜成立設計

· 在日式風格的簡約框架下，使用大量木格柵來規劃櫃體和貓道造型，美化視覺兼顧實用機能，並加入一面鼠尾草綠的牆，爲空間注入一絲清新活力。空間設 計暨圖片提供｜一畝綠設計

日式侘寂風，日本禪意融入西方極簡美學

　　日式侘寂風的誕生與禪宗思想、日本茶道文化有關，卻融入更多西方美學和極簡主義的詮釋，強調透過不加修飾的質樸、歲月沉澱之美，打造看似破舊，其實更爲精緻、複雜、極具禪意的住宅美學。想要呈現日式侘寂的意境，天花和壁面經常會使用藝術塗料、礦物塗料、珪藻土等材質，帶來斑駁不均、自然質樸的手作質感，搭配上具有歲月美感與人文氛圍的古董老家具、手作工藝品，以及單支的花草或枯木、冷竹、苔蘚代替繁複華麗的插花等元素，展現質樸寧靜的侘寂美學。

日式雜貨風，清新優雅的手作氛圍

　　日式雜貨風則更偏向鄉村風一些，延續日式空間淺木色與白色的色彩基調，搭配開放格局和明亮採光構築溫馨舒適的空間感。於佈置上，不同於無印風的簡約、禪風或侘寂美學的意象呈現，日雜風格給人更隨興又自在的生活感，整個空間以各種手作物件、飾品和質樸調性的日式雜貨進行佈置妝點。

風格裝修重點 · DECORATION POINT

POINT 1

配 色

想掌握日式風格的配色並不困難，只要掌握白色和木色爲主調就能架構基本的框架，再加入少許的灰色系，營造溫潤、自然、素雅的居家場景。在配色技巧上，日式風格通常不會有太濃烈的配色，而是走向一種和諧淡彩的風格，像是一些低彩度的藍色、綠色、粉色，都能很輕鬆地融入日式居家，襯托日式風格獨特的恬靜韻味。

空間設計暨圖片提供｜木介空間設計

木與白為主軸，
融入柔和淡彩的
配色哲學

「暖白色」與「木材質」主導了日式風格的二大色彩主軸，以無印風、日式雜貨風的整體氛圍最為明亮，日式禪風與侘寂風格則相對沉穩與內斂一些。

若擔心空間過於單調，也可以適度加入一些色彩元素進行裝飾，但須注意日式空間的色彩通常不會太過繽紛跳色，而是延續著和諧平靜的主軸，像是療癒的大地色系、質樸的碳灰色系、自然低彩的灰藍色或鼠尾草綠等，讓居家多一點活潑感又不會破壞色彩平衡，局部也常會搭配一些藤編、棉麻、陶器、布織品來烘托自然樸實之美。

．一般來說，日式空間的牆壁與天花會盡量以白色呈現，再適度搭配木質家具、櫃體、地板，運用比較大面積的白，搭配少量木色架構屬於日式特有的寧靜氛圍。空間設計暨圖片提供｜成立設計

8 分木＋2 分白，架構溫潤又清爽空間基底

想在空間中使用更多木材質，又擔心視覺上太過厚重，可以加上少量白色做調和，保留適度的清爽感受。一般來說，牆壁與天花會盡量以白色呈現，搭配木質家具、櫃體、地板和造型裝飾，以無印風格為例，通常採取 8：2 原則，運用比較大面積的淺木色，搭配少量白色來提升明亮感。而白色也有多樣選擇，大多會使用暖色調的「白」來呼應空間中溫潤的木材質，像是暖白色、大麥白、奶茶白、米白色……共同營造溫馨又和諧的日式氛圍。

深淺木色讓空間自然清爽卻不單調

擔心配色太過單調給人無趣的感覺，也可以從木色著手，像是利用深木色來點綴部分細節或家具，讓空間的層次感更加鮮明、不呆板；或者，選擇部分櫃體或牆面，改用顏色偏白的白樺木取代，既保留了木質的自然紋理，又增添色彩變化。當然，也可以將注意力放在地坪的鋪陳上，採用活潑的人魚骨型拼貼來豐富視覺效果，或是透過色系的轉換，選擇百搭的灰色系當作色彩的過渡，讓空間色彩更為和諧。

· 灰色調能鋪陳寧靜、樸素感，是日式風格的代表色系之一，而藉由木素材與水泥兩種材質，爲空間注入人文溫度。空間設計暨圖片提供｜一畝綠設計

不只木與白，牆面換色強調柔和低彩

　　除了木與白，內斂的灰色調能鋪陳寧靜、樸素之感，也是日式風格的代表色系之一，可以直接規劃一面平滑的淺灰色牆，或是利用樂土或特殊塗料模擬水泥、清水模、石材的自然況味，烘托日式風格特有的恬靜氣質。假如想要變換壁面色彩，低彩度的莫蘭迪色就能輕鬆融入日式風格，注意避開太過鮮明的飽和跳色，更貼合日式風格的簡約淡然配色哲學。例如一些自然配色款式的灰藍色、鼠尾草綠，都很適合取代白色形塑一面清新主牆；若空間的木色較深，也可以嘗試使用深沉的墨綠色，挹注沉靜安定感。而溫暖的大地色系，如：杏色、駝色、棕色、卡其色等，可以爲空間帶來「增溫」效果，讓視覺更放鬆療癒，不論是使用於牆面或局部點綴在家具、抱枕都很適合。

材質的自然色彩是最好的裝飾

　　不論是哪一種日式風格都能看見許多自然素材的運用，如：竹、紙、藤編、亞麻、石材、陶器、榻榻米等，而這些材質的天然紋理也是日式風格相當重要的色彩元素，觸感質樸柔和又素雅，隨著長時間使用慢慢轉變的材質顏色，也讓空間更有生活與人文的溫度。

風格裝修重點 · DECORATION POINT

POINT 2

建材

所有的日式風格都非常注重木建材的使用，從牆面、屏風、門片到日式家具，都能看見木材質的自然紋理，其次再透過不同自然素材的堆疊，如：木、竹、板岩磚、榻榻米、棉麻布料等，堆疊相近色系、不同材質的觸感紋理。而在北歐風、現代風格常見的金屬、鏡面等反射性建材，反而很少被大面積使用在的日式裝修中，以免破壞了其特有的恬靜與柔和韻味。

將自然元素帶入室內，營造平靜術士氛圍

空間設計暨圖片提供｜成立設計

　　日本文化對於大自然抱持的敬畏和感恩之心，空間佈局尊重萬物的自然流動，而自然建材更彷彿日式裝修的靈魂，雖然沒有繽紛配色、華麗造型，卻擅長透過各種自然素材形塑溫暖舒適的空間感受。

　　不管是日式禪風、無印風、佗寂風、日式雜貨風，雖然在空間氛圍的表現可能有所不同，卻能從建材的選擇中，清楚感受到它們在本質上，師出同源的統一調性！

必備原木色地板，快速架構日式氛圍

木地板不是日式風格的專利，卻相當具有日式特色的元素，無論是實木地板、超耐磨木地板、海島型木地板，只要鋪上質地溫潤的原木色地板，就能快速架構日式風格的溫暖架構。而木地板的紋路和顏色也會直接影響居家氛圍，一般無印風、日式雜貨風格多半會採取淺色木地板，營造明亮寬敞的空間感；而傳統的日式禪風和日式侘寂風的氛圍相對沉靜，普遍會選擇深色木材，營造沉穩大方的穩定感。

原木材質的偏好，主導風格與造型走向

除了大面積的木地板之外，擁有豐富森林資源的日本人，自古以來就對於木材情有獨鍾，小至器具小物，大至寺廟和住宅建築以木材製作，就連室內風格的裝修佈置，日式風格也對木頭有天然偏好，很少會看見磁磚、大理石等光滑面的建材。而日式風格也運用木材質衍伸出了相當多元的造型變化，其中，木格柵就是十分常見的設計，用來裝飾牆面或天花板造型，帶出特殊的立體層次感。如果使用在輕隔間、推拉門、收納櫃的門片，兼顧視覺上的遮蔽性，又能帶來光線的穿透感和良好的通風，展現日式獨特裝修美學。此外，結合造紙工藝的障子門則是日式禪風的常客，也是展現日本職人精神的經典元素之一。如果在意空間明亮感，可以採取玻璃材質，讓光線可以恣意穿梭，形式上也更加現代、實用。

榻榻米地板帶出復古日式情懷

提到日本建築的代表性元素，就一定不能忘了「和室」，而榻榻米地板正是打造和室必備元素，一但拿掉榻榻米，整座和室就少了日式禪味。除了被使用於和室，可坐可臥、有著清簡氣質的榻榻米也能以臥榻取代沙發，或當作地墊運用在客廳或臥房地板，烘托日式特有人文質感。傳統的榻榻米是由藺草編織而成，隨著時間會慢慢由綠轉黃，展現時間的痕跡，讓空間更有韻味。

特殊藝術漆演繹質樸的自然況味

除了一面乾淨的白牆，日式居家也經常會使用不同漆料來呈現立面風格，如：礦物塗料、特殊塗料、藝術漆、珪藻土或樂土等，為空間創造創造出不假修飾的自然況味，也是構築日式氛圍的常見手法。尤其是講究無常美感、

與自然和諧共處的日式侘寂風，一面充滿手作紋理的端景牆，絕對能立即成爲空間的視覺焦點。

融入自然紋理，棉麻布料增添舒適觸感

日式居家也喜歡融入許多大自然的元素，搭配帶有原生紋理或質感大地色調進行裝飾，如：石材、竹子、藤編等，爲生活帶來更多自然的觸感。然而，雖然空間設計趨向簡潔俐落和實用機能性，日式風格同樣在乎生活的舒適度，因此也經常使用棉麻布料來規劃家具佈置，提升觸覺和視覺柔軟度。

· 自然樸素的木材質是日式風格最常使用的材質，大面積地運用打造療癒身心舒適氛圍。空間設計暨圖片提供｜成立設計
· 運用特殊漆料打造牆面仿石材紋理，細膩展現擁有自然氣息和柔和大地色調的日式寂美學。空間設計暨圖片提供｜成立設計

風格裝修重點 · DECORATION POINT

POINT

3

家具
家飾

從生活本質出發，日式居家的家具佈置展現一種自然、簡約、務實的生活態度，不論是產品設計或佈置構想都是爲了解決生活的問題，提升居家實用性、便利性與舒適度。風格呈現刻意提高天然素材的運用，以簡潔線條和小巧尺寸，展現日式精緻美學，讓物件可隨著生活情境的轉變，靈活調整角色機能，延長物品使用年限，隨著日常的使用在家具表面留下痕跡，將空間襯托得更有味道。

空間設計暨圖片提供｜木介空間設計

以實用機能出發，
自然素材
表現居家風貌

　　架構好日式居家的簡約框架，剩下的家具佈置可以從幾個方向著手讓氛圍更「日本」。扣合自然、實用、舒適、線條簡約的基調，日式家具喜歡使用沒有多餘裝飾及加工的天然素材為原料，帶出樸實又不造作的生活感，而近年流行的「無垢材家具」就是其中代表設計之一。

　　由於住宅空間的尺度普遍較小，日式家具的造型比例通常也比較精緻小巧，並且重視實用功能和方便好移動的機能性，讓物件可以隨著生活情境自由變化，像是輕巧的邊几、矮桌等。而由傳統日本和室衍伸出的和室桌、和室椅、紙類燈具等，也是相當具有日本特色的家具。

　　此外，日本居家也很重視「空間感」，可以把家具配置與留白區塊的比例按照 1：1 為原則，讓空間可以呼吸，呈現舒適無壓的療癒氛圍。

木質家具打造素顏感居家

　　想要營造日式風格的一個重點，就是「無垢材家具」，透過保留天然原木樣貌木桌、木椅、木製收納單品等，讓空間充滿自然溫潤氛圍，又能維持日式風的簡約感。只不過實木家具單價比較高，如果預算有限，可以選擇木紋貼皮家具替代，也能創造不錯的效果。

恰到好處的收納，讓美感與機能並存

　　「收納」對於許多人來說都是最讓人頭痛的一件事，甚至在許多現代居家中，經常會採取大面積的隱藏櫃體將居家雜物全數隱於無形，形塑整潔乾淨的視野。但來到日式居家中，收納反而成為居家的一道風景。

　　尤其是以「美型收納」著稱的無印風，經常會使用木質方格櫃、層架、洞洞板、展示架，搭配藤編、紙編、棉麻、椰編等自然素材製成的收納道具，將家中雜物整理得緊緊有條，為空間注入更多居住者的記憶與溫度。

從和室衍伸的日式家具佈置「和趣」

　　傳統的日式建築天花板低矮、習慣席地而坐，並不是沒有高足家具，而是以茶桌、坐墊、和室椅進行空間的佈置，並且桌櫃設計都比較低矮，符合使用也預防造成空間的壓迫感，如：柳宗理的蝴蝶椅、長大作的低座椅子等。

· 餐廳以低彩度配色為主軸，搭配造型簡約、紋理簡單的無垢材家具為佈置重點，再點綴上少許綠意，打造清雅日式風格。空間設計暨圖片提供｜木介空間設計

· 客廳佈置化繁為簡，簡約線條，並以懶骨頭取代沙發，營造舒適又自在不拘的生活感。空間設計暨圖片提供｜成立設計

　　即使隨著時代變遷，現代的日式居家也多以沙發、扶手椅為主要家具，仍有不少人喜歡在家中規劃一間多功能和室，簡單擺上茶桌與坐墊，在局部空間體現滿滿的日式風情。

從和室衍伸的日式家具佈置「和趣」

　　「和紙」是一種日本傳統的造紙工藝，想在空間演繹日式風格的特有氛圍，日本傳統的和紙搭配也是不可或缺的元素之一。除了常見的障子門（日式格子門），也不妨選擇一些紙製的燈具來妝點和風韻味，不論是立燈或吊燈，其柔和的透光效果所帶來的溫煦氛圍和視覺感受，都是其他材質燈光所無法比擬的。

綠意植栽為空間注入自然氣息

　　植物是連結自然最簡單的方式，在木質的日式居家也經常會增添綠意植栽點綴室內空間，讓空間散發自然氣息。如重視意象式呈現的日式禪風或日式侘寂風，也可以於室內擺放松柏類的自然盆景或自己 DIY 的枯枝花藝，展現出專屬的審美品味，又能帶出濃厚的日式情懷。

暖調木素材 打造當代日式居家

空間設計暨圖片提供—木介空間設計　文—陳佳歆

　　一位年輕的牙醫師同時也是位錄製手帳影片的 Youtuber，其實不難想像屋主喜歡日式文青風，對於空間的需求也很明確，簡單、明亮，希望在公領域有吧檯，還要有一個可以拍攝影片的獨立空間。整體格局沒有更動太大，由於考量到水管及瓦斯管線牽移問題，因此沒有變動原本的廚房位置，而是將吧檯獨立規劃在公領域裡，透過一些巧思的穿透設計，視線能從玄關或餐廳看到吧檯區，讓人在空間中行走時產生一些空間景深層次。

　　原有三房格局也稍作調整，保留了主臥套房，另外兩間次臥則合併成一間寬敞的書房作為拍攝影片，同時增加一個較為現代感的日式臥榻區，讓拍攝時能有不同場景變化。原始空間的優點是，每個區域都有大面開窗引入充足採光，只要選對材質就能營造明朗的日系風格，整體調性以單純的白色搭配原色橡木，並且增加木材質在空間中的佔比，踩踏溫潤的木地板是不能缺少的鋪底角色，書櫃和吧檯也以木材質處理，再搭配精緻比例的原木家具，讓人感受到簡約雅致的日式風情。

手感塗料輕點侘寂美感

在白色及木材質形塑的簡約空間中，利用經典 K Chair 等家具營造出日本居家氛圍；電視主牆採用帶有手感的特殊塗料，透過手作上漆表現非完美的自然質感。

· **獨立吧檯增加客餐廳變化**

由於沒有更動廚房位置，從使用動線思考在鄰近餐廚房的地方設置吧檯，使得熱食及輕食料理能隨著使用需求分開處理，空間上運用更爲靈活。

· **鏤空設計延續空間視覺**

從玄關進入就能透過端景牆的長開窗延伸視覺，吧檯上也有小開窗作爲展示層架，巧妙的鏤空設計維持空間視線穿透感。

· **和式臥榻加深日式風情**

兩房合併而成的書房增加日式臥榻，鋪上好清理的美草榻榻米，打造出鮮明的日式風格，不但增加拍攝影片取景位置，同時也可作爲客房使用。

· **擅用牆面設計豐富層次**

定調爲簡單的日式空間因此沒有太多裝飾設計，從使用及收納習慣思考設計，規劃開放式陳架及掛勾，利用生活用品增加空間的豐富感。

當「斷捨離」遇見「侘寂美學」成就簡約人文日光宅

空間設計暨圖片提供─成立設計　文─鍾侑玲

　　生活是一種選擇，不一定是去擁有，而是學會捨去，透過內在本心的一次次梳理，重新審視和解構制式空間邏輯，最終，讓居家回歸到最簡單、最純粹的模樣。

　　本次的設計主題不再專注於「增加」，而是「減少」，運用大量留白規劃讓空間彼此對話，隨著緩緩流動的日光襯托溫潤的木質色澤與暖白色基調，展現出日式美學看似簡約質樸，卻又有著細膩講究、崇尚淡然平和的人文本質。

　　把公領域整個區域版塊一分為二，一面是極致的「簡」，捨棄固定式的櫃體、電視牆和沙發，改以隱藏式投影布幕和幾顆懶骨頭取代客廳佈置，留下一整面開闊的落地窗景和留白空間，展現隨性不拘的生活態度；另一面給予大量的木作包覆，在餐廳和玄關以木質規劃立面延伸至天花，加上平整的無把手設計，展現乾淨一致的開闊視覺，提升空間的層次和質感，滿足居家所需的收納機能。

減法思維催生禪意美學

不同於過往構築空間的方式，運
用大量留白手法讓空間成為一個
器皿，隨性擺上一張長凳、一碗
茶香、一盆植栽，當日光包覆整
個空間染上一層柔白色基調，烘
托出極簡又溫暖的美學氛圍。

· 留白規劃打造不受拘束的生活主張

盡量把居家的裝修與物件減少至最低限度，只在靠窗角落裝設簡易的貓跳台，再放上幾顆懶骨頭取代固定式沙發，保留空間的使用彈性，讓光的流動、一家人的生活日常成爲空間主角。

· 質樸木紋襯托廚具的時尚質感

利用一脈相承的木質紋理包覆天花和立面，凸顯廚具的精緻質感，並透過線條勾勒視覺的秩序性，精細分配日式格柵天花和櫃體門片的寬度維持一致線條，巧妙隱形門片和樑柱的存在感，也拉長了視覺景深。

· 隱藏收納架構清爽空間感

公領域沒有明確分界，簡單運用家具陳設暗示客廳和書房區，再將書櫃、電器櫃、隱藏式櫃體整合於隔間動線的規劃，呈現簡潔俐落視覺，兼顧實用收納機能。

· 降低裝修，讓材質來訴說生活

臥房一貫的柔白與木質基調，全室沒有繁雜的線條裝飾，實則從塗料到木料都用心揀選所有細節，讓材質本身的自然紋理，訴說一種純粹、靜謐的療癒氛圍。

風格空間實例 15 · STYLE SAMPLES

融合日式與北歐的溫馨居家

空間設計暨圖片提供—常溫設計　文—喃喃

　　本案為單面採光的老房子，加上位於低樓層，因此有採光不佳的問題，考量到居住者人數單純，使用空間不需太大，因此選擇還原原始陽台做為玄關區，藉此可達到引入大量光線目的，同時又能將內外空間做出區隔。保留原始隔局不做更動，但是在空間動線、尺寸上進行微調，藉此讓主臥、浴室使用坪數更為合理，也能提昇使用時的合理與舒適性。

　　屋主對空間風格沒有太多想法，但希望這是一個可以讓人感到放鬆的空間，因此設計師融入了日系與北歐風風格元素，利用格柵設計、大量木素材與灰色調素面磚，來架構出一個現代俐落的日式空間基底，接著再輔以北歐風家具家飾，利用極具設計感，且具有大自然元素的家具家飾，來提昇空間舒適度，同時也藉由家具造型與紋理，來讓整體空間感覺更具精緻感。

加入木素材架暖化極簡空間

過白的空間易顯得太過冷調,因此加入木質調立面,藉此為空間注入溫度,刻意與白牆相互錯落安排,加上木格柵設計,藉此巧妙轉換視覺,達到豐富空間目的。

· **減少收納設計形塑簡潔俐落**

容易展現生活感的收納，各自規劃在所屬空間，公領域除了電視櫃，只在另一道牆面打造了一面具藝術感的開放式收納，除了有展示收藏品用途，不擺放任何東西時，亦是一道讓人駐足的端景牆設計。

· **墨綠色彩點亮素淨空間**

呼應整體空間的自然調性，雙人沙發選用墨綠色，屬於自然色系的綠色，不只可以和諧地融入簡約日式空間，濃厚色彩更成為空間裡的視覺亮點。

· **減少設計元素營造放鬆睡眠空間**

主空間風格元素延續至臥房，並以木格柵設計相呼應，整體空間以潔淨的白與木素材做搭配，以形塑出一個線條極簡，同時又具有沉靜氛圍的睡寢空間。

· **材質交錯拼貼更吸睛**

白與灰的空間主調從室內延伸至室外，但特別在地面採用岩板大理石紋磚與鐵鏽磚交互鋪貼，來增添空間活潑元素，同時製造視覺焦點。

風格空間實例 16 · STYLE SAMPLES

學習日式「秩序感」，
天然木質
演繹雋永人文宅邸

· 木質調修飾樑柱和收納機能

將樑柱當作客廳和餐廳的空間劃分，表面以木紋包覆
橫梁修飾造型，延伸至餐廳立面創造整齊一致的溫潤
視覺，另一側將灰色樂土刷塗至牆面，再點上二盞橙
黃燈光，相互交織出低調沉穩又充滿人文溫度的日式
氛圍。

空間設計暨圖片提供｜一畝綠設計　文｜鍾侑玲

　　在這座 40 坪的住宅中，運用人文禪風結合日式收納美學、天然木質的溫潤質地，
營造自由無壓的生活場域，並跳脫制式化的空間邏輯，公領域既沒有沙發，也不使用固
定物件去設限空間的使用性，而是給予純粹的留白規劃讓生活充滿無限想像。

　　由於居家成員單純，待在家的時間也比較長，希望隨時都能看見和參與彼此的活動，
設計師於是大刀闊斧更動格局，只保留下必要的房間和衛浴，其餘區域皆採取開放設計
創造寬闊空間感，也讓空間充滿互動性。

　　然而，看似極簡的居家規劃實則隱藏了龐大收納機能，並將居家的收納進行分類，
採用對稱、方格的櫃體設計，呈現日式風格的秩序性美感，並善用和室和臥鋪的架高空
間，將大量儲物空間隱於無形。

· **灰質樂土加乘質樸氛圍**

在公領域的後方同樣設置一座開放櫃，對應著客廳主牆的整面書牆，背牆塗上灰色樂土創造宛如水泥般的自然質樸韻味，襯托實木書架的溫潤質地，演繹自然寧靜的日式居家氛圍。

· **大面書牆爲生活挹注濃郁書香**

客廳規劃一整面落地書牆取代電視牆的存在，從玄關一路延伸到落地窗前展現磅礴氣勢感，整齊有序的方格設計體現出日式收納的秩序美感；一旁開放榻榻米和室，則是屋主放鬆冥想的場域。

CHAPTER 5

郷 村 風

COUNTRY

空間設計暨圖片提供 │ 原晨設計

掌握必備經典語彙，形塑實用又生活感的鄉村氛圍

空間以自然材質為主，散發溫馨舒適的鄉村風，特別講究空間細節的堆疊以及幾個最基礎的設計法則，像是基本照明之外，格外著重每個場域的不同燈光氛圍層次，另外還有最經典的壁爐、格子或百葉門窗等裝飾造型，再透過各種織品雜貨等家飾品的妝點，即可實踐鄉村風居家。

鄉村風格主要源自於歐美鄉村生活常見的居家形式，舒適溫暖的氛圍給人帶來一種自然、放鬆感，深受許多消費大眾所喜愛，即便因地域與文化差異的關係，發展出不同形式的鄉村風，如：美式、英式、法式與日式等，但仍有幾個共通必備的設計要件，以及講求實用性與生活性。

明亮、多層次光線烘托溫馨感

鄉村風居家空間特點之一就是充足的採光，盡可能讓光線進入室內，若空間條件允許的話，適時納入戶外景致更能凸顯自然閒適的調性。一方面也會運用不同的燈飾輔助，基本的間接照明之外，不同場域甚至會搭配一盞主燈，再加上像是在牆面或廊道以壁燈裝飾，櫃體、茶几擺設檯燈，藉由多層次的照明營造溫馨感。

在鄉村風空間裡，線板、壁爐都是重要的風格語彙，且可透過塗刷上不同色彩，來強調或者淡化設計細節，巧妙讓空間呈現出不同的鄉村風氛圍。空間設計暨圖片提供｜帷圓室內裝修

格子、百葉門窗增添裝飾與光影效果

不論是哪一種鄉村風格，窗戶設計是增添悠閒氣息的關鍵之一，尤其台灣公寓大廈都是鋁窗，予人冰冷生硬的感覺，此時建議可使用百葉窗取代一般窗簾，不但可以強化鄉村風格印象，葉片可調整角度的設計，還能帶來豐富的光影變化。另外像是隔間牆或場域之間的轉換，也經常會使用格子門窗、木作假窗等手法，成為牆面、空間的端景效果，同時產生連結與放大感。

壁爐設計勾勒經典鄉村語彙

除了日式鄉村風，美式、英式鄉村風最不能忽略的設計元素就是壁爐，兩者之間差異在於裝飾性線條的繁複性，不過由於台灣地處亞熱帶，經改良後的壁爐改以更簡約的型態呈現，而且設計形式也更多元，純裝飾性的磚砌

或石材壁爐比例則略爲降低。其他常見手法像是將電視櫃整合壁爐，或是在書櫃當中嵌入壁爐增加溫暖氣氛，反而更爲實用，材質部分，木作搭配文化石，或是以線板勾勒，塗佈特殊塗料創造質樸手感等，較適合美式鄉村風，歐式鄉村通常會結合石材與雕花造型。

織品雜貨堆砌充滿個人品味的鄉村風

喜歡鄉村風居家的人，不只是硬體空間，包括從窗簾、抱枕、披毯等織品的挑選搭配，以至於走道牆面或是端景櫃上等不同角落的家飾佈置，都會非常樂在其中。以織品來說，經典不敗的圖騰如小碎花、條紋、格紋，花紋色調可從主體沙發到餐椅等作爲延伸，穿插不同尺寸的大小圖騰，視覺上才不會顯得凌亂。而家飾佈置方面，像是特色掛鐘、二手古董老件、陶瓷品等等都非常適合用來妝點空間，反倒可以凸顯個人品味。

不只擁有充沛的採光，特別加裝百葉窗，讓空間裡的鄉村風更到位，也注入鄉村風特有的悠閒氣息。空間設計暨圖片提供｜原晨設計

+

美式鄉村、日式鄉村、英式鄉村、法式鄉村

從地域文化擷取關鍵元素，
勾勒多元豐富鄉村風貌

　　鄉村風其實遍及世界各地，根據地域條件和文化的差異性，還可以再細分出美式鄉村風、英式鄉村風、法式鄉村風以及日式鄉村風，每種風格之間略有些微設計上的重點差異。

美式講求舒適放鬆、日式大量運用手作雜貨妝點

　　以美式鄉村風來說，著重簡單不重裝飾的設計，強調呈現生活舒適度、放鬆的氛圍，因此多半會選用樸實自然、仿古懷舊的天然材質作為表現，或利用特殊漆做出斑駁效果，空間色調則多為柔和配色。除此之外，壁爐、花布織品更是此風格不可或缺的元素，若能將自然意象帶入室內，更能呼應美式鄉村風所訴求的休閒與無壓氛圍。

　　日式鄉村風，主要會以白色搭配淺木皮色的硬體設計為基調，讓空間感更為開闊寬敞，包括櫃體、家具也會特意作出仿舊、刷白的色調紋理，同時大量運用手作、質樸調性的各種雜貨來妝點各個角落，注入一種隨興又自在、閒逸的鄉村步調。

英式訴求雕花藤蔓語彙、法式著重曲線造型與仿古處理

　　至於英式鄉村風，雖然源自於英國歷代古典家具風格，不過少了嚴謹和對稱，與其他鄉村風格相比，多了優雅迷人的氛圍。空間中常見以鐵件、原木材質為主要表現，實木多半也會有雕花或藤蔓等造型紋路，整體來說予人

· 藉由色彩的飽和度,以
及拱門等設計細節,來
形塑出具有地域特性的
鄉村風空間。空間設計
暨圖片提供|原晨設計

· 鄉村風空間不單單只有
質樸、自然元素,透過
家具、顏色等細節的變
化,亦能營造出不同區
域甚至略帶奢華感的鄉
村風。空間設計暨圖片
提供|帷圓室內裝修

細緻典雅印象。圖騰特色同樣強調花草元素,同時搭配格紋,尤其正統英式
鄉村風多以玫瑰圖騰為主,甚至會延伸到餐桌佈置,而除了印花布之外,毛
呢材質亦是常見搭配。

　　家具陳設部分,多以骨董原木家具為主,然而又根據時代演進衍生不同
的木質,包括胡桃木、桃花心木等等。另外,相較於美式鄉村風的樸質粗獷,
法式鄉村風具有細緻線條等細膩造型,主要特色是保留宮廷家具彎曲線條設
計,在家具或燈具常見鑄鐵結構、雕花櫃體等運用,木作則多半會再經過染
白、仿古處理,呈現純樸與歷史感。

風格裝修重點 · DECORATION POINT

POINT 1

配色

鄉村風擁有不同配色表現,光是塗料用色就能透過各種組合搭配概念,展現迥異的氛圍美學,譬如粉嫩色可創造浪漫或甜美的鄉村風效果,而飽和對比度較高的黃色、橘色,能帶來活潑明亮的鄉村風情,不過近幾年隨著時代演變,鄉村風也發展出另一種較為簡約的調性,以大地色為主軸,著重於運用軟裝堆砌溫馨生活樣貌。

空間設計暨圖片提供｜帷圓室內裝修

從氛圍著手
決定主色調

　　鄉村風因地制宜發展出不同地域性的風格樣貌，也因而造就更加繽紛多元的配色，不過最基本的色調大致脫離不了白與粉嫩色系，特別是鄉村風多半搭配原木家具，且著重於營造療癒、放鬆氛圍，所以採用白色或大地色，算是最安全且能融入鄉村風居家的方式。如果色彩接受度較高，不妨嘗試以飽和度較高的顏色當作空間主色調為發展，讓整體鄉村風性格更為鮮明立體。

粉紫色調，裹上一層甜美浪漫

想把家規劃成鄉村風，若較難明確指出喜歡英式或美式鄉村，不妨試著想想偏好什麼樣的氣氛，或許會有助於決定色彩。通常個性帶點甜美、浪漫的業主，適合選用粉紅、紫色為佈局，如果擔心變成公主風，除了降低顏色比例之外，透過明度彩度的調整，比方加入些許灰階或調高飽和度，就能讓整體感覺比較高雅成熟。又或者是以白色為基礎，適度在窗簾、壁紙花紋、織品等帶入粉調配色，藉此創造柔和恬淡的鄉村氣息。

濃郁暖黃橘色，熱情活力鄉村風情

歐洲國家因為緯度高、日照時間較短，喜歡運用溫暖濃郁的色調營造居家氣氛，如熱情繽紛的西班牙、義大利托斯卡尼、法國普羅旺斯，偏向以高彩度、高明度的橘、黃、紅暖色，洋溢充滿活力的鄉村風情。這種顏色特別適合規劃於缺乏自然採光的家，加上人造光影折射，反而可以讓空間明亮有朝氣。在搭配運用技巧上，一般來說會以黃配上橄欖綠或磚紅色，再加入石材、陶磚與紅磚等建材，即可營造自然質樸氣息，若單純搭配白或原木，立刻轉換成清新版的鄉村風。

自然藍綠色調，清新療癒美式氛圍

美式鄉村風經常以白為基礎色，帶入自然界的綠色、藍色來做搭配。若以藍為主色調，局部點綴如粉嫩色彩，可呈現優雅柔和之感；以藍白相間為主軸延伸，則營造出紓壓療癒的地中海鄉村風。另外將藍色調入些許灰階，或是搭配灰色軟裝比例，整體視覺從清新自然轉變為高雅大方。而綠與白也是鄉村風最經典的配色之一，軟裝部分搭配大地色沙發與木質家具，就能讓家散發自然舒服的氣氛。

基礎大地色調，營造簡約溫馨

雖然色彩是鄉村風的重要元素，但也不見得喜歡鄉村風就得接受鮮豔繽紛的色彩，特別是在時代的演變下，鄉村風也朝著更簡約的方向發展，硬體裝修比例降低、著重軟裝來形塑氛圍。在這樣的情況下，建議可選用白色和大地色調為基礎，搭配各式質感的變化性，包括棉麻織品、原木家具與古董老件等等，呈現出豐富但柔和的鄉村風空間樣貌。

・臥房選用草綠色繃布為背景，映襯於米白、灰階框架下更顯溫柔知性。空間設計暨圖片提供｜構設計

・線板是鄉村風重要風格元素，但也容易造成空間重點太多而顯得雜亂，此時不妨在顏色上採用白或中性色，讓風格元素低調融於空間。空間設計暨圖片提供｜帷圓室內裝修

風格裝修重點 · DECORATION POINT

POINT 2

建 材

鄉村風從天花板、壁面和地坪材質皆有其獨特的語彙貫穿整體，才能讓空間氛圍更為到位，其主要的核心扣合著幾個概念，包括訴求粗糙、質樸、手感為主的表面肌理，天花板可適當加入木橫樑營造悠閒的自然況味，除了溫暖木地板為首選，也可以嘗試利用復古磚、陶磚做出豐富的拼貼效果，帶來溫馨繽紛的氣息。

空間設計暨圖片提供｜原晨設計

講究自然紋理與
質樸況味

　　強調溫馨質樸的鄉村風格，在材質選擇上，著重於大量
木頭、石頭等自然原始的質感呈現，有時甚至會特意使用沒
有修飾過的木材，凸顯時間痕跡的粗獷紋理與色調，另外像
是空間框架部分，則常見加入木百葉窗、格子窗扇，成為表
現此風格最獨特的設計語彙，而根據天、地、壁，在材質選
用上，也有其不同特色。

橫樑、線板堆疊，柔化鄉村氛圍

　　相較於其他風格較少著墨天花板設計，鄉村風的天花材
質與造型是完整體驗氛圍關鍵之一，常見形式包含斜屋頂、

橫樑與線板。其中斜屋頂與橫樑多以實木、木頭噴漆打造而成，設計上一般會利用假木樑修飾結構大樑，同時可整合間接光源，虛化原本大樑的存在，而厚實的木樑也可以帶來溫暖悠閒的氛圍。

若擔心視覺上較為壓迫，可選擇寬度較小的木樑尺寸，並採用白色噴漆、淺色木頭來降低沉重、壓迫感。線板則包含實木與 PU 發泡板，近年以發泡板為大宗，除了可堆疊使用外，其實線板具有多種豐富的紋理款式，也很適合單一使用作為踢腳板或壁面裝飾，快速打造出優雅柔和的鄉村風居家。

地坪、牆面選用自然手感磚材鋪貼

想要營造溫潤樸實的鄉村風氛圍，地坪材質絕對少不了溫暖的木地板，而且光是木地板就有好幾種木紋、色調可搭配出不同氛圍，如洗白復古紋理適合田園調性的鄉村風，喜歡沉穩大器感可以選搭深木色，若想要好整理或廚衛等場域，則可以木紋磚取代，同樣能具備溫馨感。

若偏好磚材質地，復古磚、陶磚、馬賽克磚、花磚也能扣合鄉村風訴求的質樸、自然手感氛圍，拼法上還可以嘗試菱形鋪貼或搭配局部滾邊與收邊效果，讓空間更為活潑，而馬賽克磚或花磚同時能延伸作為壁面設計，用一道主牆或局部妝點於餐廚，增加鄉村氛圍的豐富性。

異材質堆疊展現立面層次

打造鄉村風住宅時，牆面材質的使用非常多元，最常見、簡單快速的方式不外乎利用塗料或壁紙、壁布，可挑選喜愛的顏色與充滿自然圖騰的設計，立刻就能凸顯鄉村氣息，想有更多變化，可在塗料、壁紙及腰高度下加入企口壁板，讓立面表現層次細節。

此外如果偏好手工、手作這類隨興粗獷的質感，不妨選用文化石牆、硅藻土與灰泥，一般美式鄉村風多以質樸的文化石石材原色鋪貼，形塑自然原始況味，紅磚色文化石通常予人復古懷舊感。除了單一貼飾作為主牆，也可結合壁爐造型堆疊層次，成為空間引人注目的視覺焦點。而硅藻土或灰泥，由於施作過程中會以抹刀鏝抹塗佈，相較於乳膠漆單純顏色的變化，凹凸紋理的質感更能表現古樸懷舊感。

· 法式鄉村風經常會帶入鐵件比例，加上
弧線設計語彙，創造優雅質感的氛圍。
空間設計暨圖片提供｜構設計

· 壁紙對於鄉村風格來說，是最簡便快速
營造氛圍的建材，利用黃色格紋搭配木
質基調，便可營造清新悠閒氣息。空間
設計暨圖片提供｜常溫設計

風格裝修重點・DECORATION POINT

POINT 3

家具家飾

鄉村風著重生活感與人味,在家具家飾的挑選與搭配更顯得格外重要,經典圖騰有花卉、條紋、格紋,材質可選用亞麻、棉布這類質感的布料,都是鄉村風最常使用的經典元素,除此之外,原始質樸的木質家具與鐵件也是鄉村風經常搭配的家具款式,最後再加上復古小物件或具手感的家飾品點綴,即可完成對味的鄉村風。

空間設計暨圖片提供｜常溫設計

棉麻材質搭配
經典圖騰、
手作復古裝飾，
展現生活感

對鄉村風格而言，家具家飾絕對是凸顯此風格特色最重要的關鍵，源於歐美農村生活，講求舒適自在和溫馨、懷舊生活情感，因此在家具搭配上，常見如仿舊的原木單品、質樸手作家具，以及花草或藤蔓這類植物小碎花為主的沙發或單椅，皆可以讓風格更為到位。

除此之外，鄉村風之所以受到大眾喜愛，多半是因為它能帶來溫馨的生活感，不妨利用檯面、牆面或其他角落，添加像是燈飾、燭台、花器與各種藝術品妝點擺設，藉此堆疊氛圍之外，也能創造出屬於自我獨一無二的鄉村風特色。

根據地域性特色挑選，讓鄉村風更到位

雖然鄉村風擁有自然、純樸、溫暖等特質，但其中又根據地域性可細分出英式鄉村風、美式鄉村風、法式鄉村風、日式鄉村風，每個種類的家具選擇略有一些差異性。以美式鄉村風格為例，因其強調輕鬆自在的氛圍，尤以布料沙發款式居多，且多半較為厚實、寬鬆柔軟，通常椅面也較為低矮且深，坐起來非常舒適；面料圖騰最具代表性則莫過於碎花、條紋，配襯柔和淺色背景就非常出色。至於開放式餐廚空間，建議挑選實木桌椅，其中如溫莎椅便是美式鄉村最經典的餐椅選項。

另外，以沉穩大器、優雅品味為核心的英式鄉村風，主要多使用深木色調的原木家具，像是桃花心木或胡桃木，再藉由印花或格紋等窗簾、壁紙點綴。法式鄉村風比較講究自然隨意、簡單溫馨的質樸家具，挑選重點建議朝具歷史感的洗白或仿舊處理原木家具為主，配上亞麻質地或花卉圖騰布品，可呈現較為清新淡雅的法式鄉村調性。

而日式鄉村風多以刷白、淺木色家具為主，有時甚至會刻意保留塗刷痕跡，搭配天然棉麻布品，形塑純樸且清爽無壓的溫暖感受；同時日式鄉村風最大的特點更在於充滿生活感的雜貨，像是琺瑯收納罐、藤編藍、木梯架等等，透過裝飾佈置出充滿巧思的生活風景。

不成套搭配手法，讓空間更活潑豐富

即便鄉村風格具有多種樣貌，但並非得依循成套搭配原則，只要掌握住幾個重點圖騰元素，例如碎花、格紋與條紋，不成套的搭配呈現，反而能讓空間更活潑且富有變化性。此外，若擔心花色、家具材質彼此過於複雜，最簡單的方式是先確認主體家具——客廳沙發，以此為氛圍主軸做延伸，舉例客餐廳皆選用白色打底的家具，那麼小抱枕或坐墊可局部採用跳色概念，讓色彩更豐富。另一方面，雖然鄉村風格有很大比例是布沙發，亦可選用皮革沙發為主體，單椅部分混搭布料款式，展現穩重、略帶粗獷感的鄉村氛圍。

有別於其他風格，鄉村風另一特點是採用活動式家具櫃體取代木作櫃，如具有歷史意義的復古古董櫃體，作為端景陳設主體，創造視覺焦點。即便是選用訂製或系統櫃體打造，也會帶入如百葉、刷色與線條造型設計，以及五金把手特色等等，襯托出鄉村風格的各種美感細節。

· 經典的圖騰如小碎花、條紋、格紋，花紋色調，
都是常見鄉村風織品款式，運用方式可從沙發抱
枕、披毯延伸至椅墊等地方，適度為空間做點
綴。空間設計暨圖片提供｜常溫設計

· 客廳主體家具沙發材質是略帶奢華感的絨布材
質，因此搭配的抱枕、披毯甚至單椅，一併在材
質、款式與顏色上，選配具有輕奢精緻質感的款
式。空間設計暨圖片提供｜帷圓室內裝修

線性＆純粹，鄉村風就此脫胎換骨

· 木作線條將風格元素形象化

將鄉村風常見的木拼板元素經過再設計，轉而應用在電視牆與入門餐桌後方牆面，有趣的是白牆採用內凹線條，而藍牆則是外凸線條，寓意著虛實立體感的設計趣味。

空間設計暨圖片提供｜庵設計　文｜Fran Cheng

　　屋主來找設計師時，已先表明喜歡鄉村風格，且想沿用舊家沙發與餐桌椅等家具，為了避免新家裝修後仍像舊家，設計師提議改以意象式鄉村風來設計，讓風格元素可以經由再設計而形象化，同時在色調上也盡量單純化，讓 25 坪的空間更簡約、耐看。

　　這樣的設計概念獲得屋主認同後，設計師先在客廳選定電視牆與餐廳後方的隔間牆，將兩道牆面分別以一凹一凸的木作裝飾來創造有如線板的風格語彙，搭配天花線板與沙發背牆壁板等設計，成功圍塑出美式鄉村的氛圍。另外，書房則有白色格子窗櫃作為風格裝飾，加上客廳與書房均有窗邊臥榻，可增添鄉村風休閒感。至於色調則以純淨白色為基調，搭配穿梭在沙發後、餐桌與臥室等區的蒂芬尼藍牆，更顯得純粹出色。

· 酌加黑鐵元素鄉村風更時尚

為了增加細節感，在餐桌後的藍牆上訂製半圓白色壁桌，它也是大門入內的端景焦點，而上方黑色壁燈則與餐桌的美式吊燈形成呼應；另外，在公私領域的隔間特別採用黑鐵格子門，透過黑鐵元素為美式鄉村風增添時尚感。

· 意象式新鄉村風揮別舊屋感

採用意象式的美式鄉村風，加上簡化的配色設計，以及通透流暢的格局改造，讓空間煥然一新。卽使這是屋主的舊屋翻新，還加上沿用舊家具，仍能成功讓裝修後的空間呈現新穎印象。

跳色混搭手法，勾勒甜美鄉村樣貌

· 壁爐、對稱櫃體演繹經典氛圍

電視主牆融入美式鄉村風經典必備的壁爐造型，兩側同樣延續對稱式櫃體設計手法，櫃體立面帶入些許簡約線版語彙，完整詮釋風格之外也兼具實用性。

空間設計暨圖片提供｜帷圓室內裝修　文｜celine

　　此案為 80 坪的住宅，女主人從事甜點烘焙工作，個性浪漫又帶點夢幻，讓設計師師決定將空間定調為甜美鄉村風，每個場域藉由顏色與材質轉換之間，營造時而優雅、悠閒放鬆與靜謐的美式鄉村氛圍。

　　以客廳空間為例，在純白色基底下，弧形線條化作天花與壁櫃，既修飾大樑結構更注入溫暖柔和之感，同時結合美式風格不可或缺的壁爐與造型線板櫃體，再以鮮豔色彩軟件重點裝飾，提升層次變化。經由水磨石地磚廊道的動線引導、穿過拱門進入餐廚，於真樑中加入木假樑形塑如國外木屋結構的場景框架，搭配藕粉色系廚具與大理石紋復古磚、花磚等活潑豐富的運用，讓女主人能沉浸於喜愛的情境之中享受烘焙的美好，同時寬闊的動線尺度，更滿足她教學上的便利。

· **弧線修飾大樑，柔化空間線條**

客廳場域利用弧形線條修飾大樑，同時順著此弧線發展出對稱式櫃體，兼具書籍收納與陳列功能，再輔以較高彩度的軟裝增加視覺亮點與層次。

· **藕紫廚具搭配復古磚材，洋溢甜美浪漫**

寬闊的餐廚尺度，滿足女屋主烘焙教學需求，磨石子地坪配上花磚，界定不同場域屬性之外，更傳達中西揉和的美感，結合藕粉色彩廚具，帶出溫柔浪漫的鄉村氛圍，此外，天花板巧妙加入木假樑，不但成功修飾既有真樑也注入悠閒調性。

簡化風格元素，打造清新不失溫馨的鄉村居家

空間設計暨圖片提供—常溫設計　文—喃喃

　　這間房子一開始就定調為鄉村風，然而過去一般人印象中的鄉村風，通常有過多繁複、瑣碎的設計與裝飾，為了符合現代人美感，並打造出一個更經典耐看的鄉村風空間，設計師首先將風格元素加以精簡，只保留了如：線板、木素材等經典元素，透過融入現代感的俐落線條，讓空間基底顯得簡約的同時，仍保有鄉村風特有的溫暖居家氛圍。

　　沒有使用大量質樸感建材來形塑鄉村風空間，而是選擇在天花、牆面與櫃體，以木素材做鋪陳，特別選用木色帶有暖調的木材種類，除了有凸顯風格目的，更能賦與空間更多溫度，接著再藉由大量使用自然色系與自然材質的家具家飾來妝點空間，像是選用棉麻布與帶有格紋的沙發、窗簾、抱枕、地毯等，或是帶有藤編、木質等自然元素的家具，藉由軟裝佈置來強化鄉村風調性，淡化線條精簡後容易隨之而來的冷硬質感，讓整體空間散發出屬於家的溫馨。

清透隔牆引入大量光線

鄉村風居家空間特點之一就是充
足的採光，加上原始空間不大，
因此將其中一房隔牆改為玻璃隔
間，藉此達到延伸空間尺度，也
讓光線可灑落在公領域各個角落。

· **加入木質元素增添溫度**

　　木質元素是鄉村風經典元素，因此在天花、立面皆大量鋪貼木素材，但考量坪數不大，選用淺色、暖色調的木材種類，避免過多木素材造成空間陰暗與壓迫感，同時注入更多溫度。

· **改變隔牆材質營造開闊感**

　　隔開客廳與書房的實牆隔間，讓兩個空間都顯得狹小而促侷，因此隔牆改為玻璃半牆，讓視覺可以穿透營造開闊感，並在書房背牆拼貼淺灰色木素材，透過風格元素無形中將兩個空間串聯起來。

· **以軟裝佈置堆砌空間品味**

　　窗簾、抱枕、披毯等織品、燈具造型，以及家具家飾的搭配，皆緊扣鄉村風元素，藉此可讓鄉村風更完整到位，也能展現屬於這個家獨一無二的況味。

· **經典格紋注入活潑元素**

　　主臥坪數不大，因此整體空間設計元素盡量簡化，只適當加入木質調來暖化睡寢休憩氛圍，在床頭鋪貼格紋壁紙，除了是延續公領域的鄉村風元素，亦可製造出活潑吸睛視覺效果。

以低調灰階色彩，營造優雅、靜謐的鄉村氛圍

加入木質元素豐富空間視覺

將空間色彩降至最低，只以帶有灰階的色彩，搭配少量的白，來架構出簡約且具寧靜氛圍的鄉村風空間，適量在電視牆、臥塌區域加入木素材，藉此增添溫潤質感，強化風格主題。

空間設計暨圖片提供｜原晨設計　文｜喃喃

　　這是一棟老屋翻新，原始格局不做更動，但過去因產生畸零空間，而有空間浪費問題，因此重新梳理格局動線，再藉由尺度微調，來提昇空間實用性，同時解決空間浪費問題。首先，為了確保用餐區採光，將臨近書房隔牆以收納櫃取代，採用穿透性設計引入光線，讓一家人可以在採光充足的用餐區，進行全家人最喜愛的拼圖活動。接著，把書房相鄰的房間挪出一點空間給書房，藉此擴展書房尺度，減少狹隘感，使用起來也會更舒適。

　　屋主一開始便表示喜歡鄉村風，但由於屋主一家有很多玩具、拼圖等蒐藏品，這些物品彩度較高，因此空間色彩特別選用低彩度顏色，來避免顏色過多而造成視覺凌亂，同時也藉由收斂鄉村風元素來製造簡約空間感，只以拱門、線板、格窗等少量風格元素，來凸顯空間風格主題，其中鄉村風不可少的木質元素，則少量點綴在電視牆、臥塌區等地方，使用面積雖然不多，卻能有效營造出溫馨、有溫度的空間印象。

· 利用穿透設計打造空間通透感

在開放規劃的公領域裡，利用極具鄉村風特色的拱門，來做為不同空間的分界過渡，接著再利用透穿收納櫃、玻璃滑門，以及玄關的格窗設計，引導光線到達每個角落，來讓空間更顯開闊且具明亮感。

· 以手感磚材堆疊空間質感層次

將廚房地面的花磚延伸至牆面，為空間製造吸睛亮點，同時呼應鄉村風的質樸特色，刻意選用藍色來與灰色櫥櫃搭配，藉由相近色系平衡視覺，達到增添空間豐富元素與和諧視覺目的。

CLASSICAL

空間設計暨圖片提供｜昱承室內裝修設計

延續古典主義脈絡，
融入更多現代設計因子

風格解析·STYLE ANALYSIS

不同於鄉村風格質樸而溫馨的生活氛圍，起源於歐洲貴族皇室的古典風格從骨子裡自然流露出一股王者的雍容氣度與優雅品味。比例和諧勻稱的美學結構、精益求精的完美細節和雕飾，以及各色大理石、水晶、鏡面、金銀箔和金屬等裝飾元素，展現出無可取代的奢華氣勢。即便在歷經多次時代變革後，如今的古典風格設計語彙已進行大幅度簡化，並加入更多現代設計元素和愜意的生活氣息，讓它能適應現代住宅的中小型空間尺度，但不變的是對細節的精緻講究，烘托深藏於血脈中的浪漫因子。

所謂「古典主義」起源於中世紀的歐洲，其內涵展現了古典時代希臘和羅馬文化的高度認同，對於歐洲的文學、繪畫、音樂，甚至是建築和家具設計都產生了直接且深遠的影響。

在建築形式上，古典風格追求一種完美的靜態平衡，透過和諧的比例安排塑造優雅的秩序美感，若要嚴謹地以年代作區分，又可細分爲文藝復興、巴洛克、洛可可、新古典主義、ArtDeco、美式古典等風格。而隨著現代主義的崛起，如今的古典風格經常也會展現出更多簡約、時尚的觀感，並逐漸成爲古典裝修的主流趨勢。

古典底蘊融入簡約的設計線條

　　不論風格如何演進，最早可追溯到歐洲皇室和貴族階級的古典風格，始終帶有鮮明的奢華意象和優雅的細節品味。然而，過往的古典風格往往追求端莊氣派的空間感，家具尺寸大且有著繁複的浮雕邊飾，還有精緻的細節裝修，所以過往在提起古典風格時，一般建議需有足夠寬敞的空間坪數，否則容易產生壓迫擁擠的空間感。為了更適應現代都會住宅的空間尺度和審美，如今的古典風格依舊保留了線板、木百葉、拱型門、雕花石膏板等設計語彙，但是線條造型卻更為簡潔，甚至混搭現代、鄉村風格元素，坪數不一定要很大，一樣能展現出古典風格的奢華與優雅美學。其格局鋪排則受到古典風格的生成背景影響，客餐廳的動線單純、機能明確，甚至盡量採取開放格局或通透設計，讓彼此相互連結又能創造寬闊大器的空間感。

不可或缺的線版語彙，堆砌空間古典韻味

　　雖然近代古典風格漸趨簡約，「線版」始終是它最獨特的裝飾語彙，被廣泛裝飾於天花板、壁板、櫃體、門框的造型變化，為空間增添優雅的古典格調，也具有調解視覺的高度和寬度比例。配合不同的古典風格調性，線版形式也相當多變，或變化繁複，或簡潔內斂，或加入一些鏡面、金屬元素，在恰到好處的比例裝飾下，創造出豐富空間的層次感與細膩品味。

對稱與平衡的美感，優雅曲線裝飾實用機能

　　古典風格另一個重要精神，就是「對稱」，通常表現在空間的主牆造型上，像是客廳主牆、沙發背牆、臥房床頭或過渡廊道的設計等，透過嚴格的對稱原則，給人一種和諧、舒適的視覺感受。仔細觀察也會發現，古典風格通常不會有很銳利的線條稜角，而是運用平緩的曲線圓弧來規劃門框、床具、櫃體、天花，乃至家具家飾設計，勾勒柔和優美之感。

不同的光影層次烘托空間氛圍

　　最後是燈光的佈局，除了一盞奢華的主吊燈凝聚空間情調，古典風格也經常利用不同溫度和面向的燈光來烘托空間氛圍，如：壁燈、立燈、檯燈等，藉由光影折射於強化空間的材質特性和線版的立體線條，展現豐富的光影層次。由於現代住宅的屋高通常有限，若想裝設吊燈建議先確認屋高和吊燈長度，客廳建議屋高 3 米以上，避免產生壓迫；餐桌則比較沒有高度限制，一般建議吊燈高度距離餐桌桌面約 75 ～ 80 公分為佳。

· 運用線板元素描繪簡潔雅緻質感,於古典基底上,展現更多都會時尚的俐落感。空間設計暨圖片提供|大見室所設計工作室

· 融合古典與現代風格特色,透過線條造型俐落的沙發款式和燈飾造型,營造時尚新穎的法式風情。空間設計暨圖片提供|昱承室內裝修設計

+

新古典、美式古典、現代都會古典

時代變遷促發美學的反動，
從空間設計窺探西方文明史縮影

　　攤開古典風格的歷史，一共經歷了文藝復興、巴洛克、洛可可、新古典主義、ArtDeco、美式古典多個時期的變革，分別反映出該時代的社會文化或與藝術審美。發展至今，各種古典形式各有擁護者，但配合現代氛圍更偏愛簡潔一些的設計，比較主流的古典形式大約可分為三種風格：新古典主義、美式古典與現代都會古典。

新古典主義，捨棄浮華裝飾、復興古典的雅緻

　　興起於十八世紀中葉的新古典風格，其實是對於巴洛克、洛可可藝術風格的反動，希望可以拋棄過於金碧輝煌的浮誇裝飾，刻意追求並模仿古希臘與古羅馬的均衡美感，以及比較樸實、實用的風格。所以新古典風格的設計形式相對簡潔，沿襲古典美學的優雅線條，如：線板、柱式、壁板等，但只留下真正需要的元素，透過和諧沉穩的色彩展現其崇尚純粹的美學本質，並經常混合不同時期、國家的風格元素，創造其豐富又典雅細緻的視覺風格。此外，這個時期的家具設計也更注重機能性，延續歐式古典設計轉變為更簡約、流暢的線條，像是軍刀腳、圓盾背、鉚釘沙發等，都是至今仍廣受喜愛的經典設計

美式古典，更貼近生活的舒適性

　　美式古典風格建立於一個融合的基調，起源於美國移民國家的歷史背景，最初是由歐洲移民們帶來家鄉的生活風格，透過當地建材進行實踐，逐漸發

· 從空間線條和家具有意
識進行簡化,以符合現
代居家尺度;或在充滿
古典風情空間框架下,
配置現代家具,營造簡
約不失精緻的古典風。
空間設計暨圖片提供｜
構設計

· 透過天花、櫃體,及壁
板、拱門、格子門等洗
鍊線條,抹去古典的厚
重感,呈現簡約且優雅
古典風空間。空間設計
暨圖片提供｜大見室所
設計工作室

展出一種相對簡單、休閒、明亮且融合多元文化元素的新型態古典美學。相
較於新古典主義,美式古典風格從線板、家具到燈飾造型都更簡潔俐落了許
多,並強調物件的實用機能,而在崇尚自然氣質的美式古典風格中,當然也
不能少了木地板和實木家具的鋪陳,搭配木百葉窗、格子門規劃門窗,營造
明亮的空間感,都是表現美式風格意涵的重要元素。

現代都會古典,將現代元素融入古典居家佈置

隨著現代主義的興起,一般民眾更偏愛精簡俐落的空間感,就連古典風
格也逐漸跳脫固有框架,從空間線板和家具設計都有意識地進行簡化,並縮
小物件尺寸,讓它們更符合現代居家尺度;或在充滿古典風情的空間框架下,
直接配置極簡的現代家具,也能營造出新穎時尚又不失優雅的現代古典情
調。

風格裝修重點 · DECORATION POINT

POINT 1

配 色

在談論古典裝修時，很多人會把專注力擺在線板、壁爐、拱門、水晶燈等經典元素，但也別忘了「色彩」對於居家氛圍營造的重要性！考量空間線條通常會相對繁複，一般建議以白色、米白色、大地色或其他低彩度的色系營造乾淨底色，再搭配黃色、暗紅色、金色等色系裝飾局部重點。如果希望為空間增添一些低調的奢華氣質，可以增加更多深色和金屬質感進行點綴，如：香檳金、銀色、棕色、暗色等，打造出時尚觀感又不失高雅格調。

空間設計暨圖片提供｜成立設計

低彩度的素雅背景，
家具佈置
堆疊色彩品味

傳統的古典風格在配色上，多半會偏向深色的沉穩調性；現代古典裝修則明亮許多，背景多半會以淺色系爲主，局部搭配深色裝飾視覺重點，讓整體空間更爲清爽、明快，在色彩運用上也更加多元化。

背景色以白色系或低彩度的色彩爲主

以色系來說，白色、黃色、暗紅色、金色都是古典風格相當具代表性的色彩，最常見的作法會以白色爲底色襯托，放大空間感受，也降低繁複線條造型和奢華設計可能產生的擁擠感受。

如果希望空間多一些變化，溫暖柔和的大地色系也是常見選擇，呼應溫潤的木質元素，有助於營造優雅內斂的生活質感。此外，亦能選擇一面主牆、廚具或櫃體門片漆上自己想要的顏色，一樣建議適度降低顏色彩度並加入些許灰色調，如：暖灰色、灰藍色、灰綠色等，讓視覺聚焦、豐富空間的層次感，混合著灰調特有的寧靜與優雅。空間背景色大致抵定後，裝飾配件常會使用銀色、金色、黃色、香檳金、暗紅色等色系裝飾局部重點，營造古典的奢華質感；但須注意比例的拿捏，以免破壞空間的美感平衡。

善用家具和織品，堆疊色彩的層次

家具軟裝的佈置對於古典風格的塑造具有很重要的作用性，在普遍傾向純色背景的古典空間中，不妨透過沙發、窗簾、抱枕、地毯、茶几等單品來妝點色彩。從空間的主色去做考量，可以採取同一色系的深淺搭配，在相對安全、不容易出錯的情況下，堆疊出和諧的色彩層次，如：白色＋杏色＋奶茶色＋大地色，草綠＋墨綠＋酪梨綠等。想為空間增添一些活潑感，也可以選擇鄰近色或對比色的搭配，豐富空間的色彩。

深色背景搭配淺色家具做前景，一樣能有迷人景深

雖然現代大部分古典空間多會以淺色調為背景主軸，若想嘗試比較沉穩的深色背景，如：深綠色、深褐色、深藍色等，只要維持「色系單純」的原則，一樣能創造深邃迷人的視覺美感。但是家具佈置就會建議以淺色、白色單品為主，綴以些許奢華的鏡面或金屬元素，在深色背景襯托下，反能凸顯出家具形體之美，展現空間的不凡格調。不過深色會壓縮視覺的空間感，假如居家的採光不佳、屋高不高或坪數不大，比較不建議這樣規劃。

降低顏色彩度，烘托沉靜氛圍

為了呈現寬闊空間感，現代古典居家經常採取開放格局的公領域規劃，此時若想在不同場域呈現不同的色彩表情，可以嘗試把彩度降低讓視覺上比較和諧、不會太過突兀，也讓空間氛圍多一分舒適與沉靜，格局上可善用古典風格的拱型門、玻璃格子們等造型元素，適度區隔各自的獨立空間，兼具通透視野。

· 運用溫柔的奶茶色搭配香檳金色的五金配件，於典雅空間帶入一絲低調的奢華質感。空間設計暨圖片提供｜昱承室內裝修設計

· 沙發後面的收納牆以及牆面線板，刻意塗刷淡灰色，藉此在以白為主調的空間裡做出色彩變化，且從淺灰色過渡到白色，視覺上也更為和諧而不會過於突兀。空間設計暨圖片提供｜構設計

POINT 2

建材

材質的選擇決定空間的質感表現，尤其在工法細膩、擁有王者氣度的古典風格，即使在經歷時代變革進行了多次修正，「優雅不凡的奢華氣度」始終是它的不變主軸，建材運用也相當多元化，例如：擁有高級光澤感的實木材質、擅長營造奢華意象的水晶和大理石，以及傳承自古典時代希臘和羅馬建築形式的柱體造型、線版比例等，都是想要營造古典風格宅不可或缺的建材語彙。

空間設計暨圖片提供｜構設計

善用圖騰、線版、
材質紋理，
演繹古典設計質感

　　有著悠久歷史與深厚美學底蘊的古典風格，擅長運用對
稱的手法、繁複線條來勾勒出空間的優雅氣質，搭配建材的
層層堆疊，展現奢華不凡的貴族氣度。在建材的選擇上，經
常會使用到大量表面光滑細緻的木建材，以及帶有奢華意象
的大理石、金銀箔、鏡面、金屬等裝飾元素，而充滿古典韻
味的線板、壁爐、羅馬柱、木百葉、復古地磚等，自然也是
構築古典空間基底不可或缺的要素。

高質感的木建材使用

　　有著貴族血統的古典風格在木建材的選擇上自然也不會
馬虎，大量擁有優雅光澤感的貴重木材進行硬體和家具製

作，如：紫檀木、桃木、紅木、胡桃木等，經過細膩的手工打磨和塗裝之後，增加表面光華度和細緻觸感，而室內壁面搭配色彩通常選擇淺色調，襯托木質的高級質感。

華麗感材質堆疊奢華品味

本身就是奢華的詮釋，古典風格經常使用水晶、大理石、金屬等具有強烈裝飾性的材質，層層堆疊出雍容華貴的氣息，甚至會在許多線板與木製裝飾貼上金箔修飾，展現精緻的細節處理。而鏡面、玻璃材質也是古典裝修的常見元素指標。譬如，美式風格常見的玻璃格子門，可以運用在隔間門、隔間牆，也很適合點綴於櫃面，散發優雅氣質兼具清透視線。若想增加復古情調，也可以利用棕色的茶鏡或茶色玻璃，搭配深褐色、暗紅色的家具或線版，彰顯沉穩內斂的古典感受。

希臘羅馬柱式造型提升造型美學

有了線版裝飾空間基底，造型美學大量參考古希臘、古羅馬建築藝術的古典風格，仿自希臘和羅馬柱身的刻痕凹槽、紋路花雕等，都是相當具有代表性的元素之一，經常用於玄關入口大門雕飾加乘古典意象，或是融入在客廳仿壁爐的電視櫃進行裝飾，甚至反映在櫃體、家具細節的雕飾上，透過細緻工法、石材選擇和工整的對稱結構，提升造型美學。

歐風壁紙、柔軟繃布，快速營造古典情韻

帶有柔軟質感的繃布織品可以賦予空間彈性、緩衝的感覺，並具有多樣性的變化和表現方式，幾乎是許多古典臥房的標準配備。而花色多樣的壁紙一樣是用來妝點空間古典情調的好幫手。根據空間需求，建議選擇一面主牆局部貼上帶有古典圖騰的壁紙，立即就能改變空間氛圍。

木百葉、復古地磚妝點愜意氛圍

木百葉門窗、復古地磚也是古典風格常見的設計語彙。前者經常運用於門窗或櫃體的設計，烘托氣質脫俗的生活氛圍，當陽光穿過木百葉的層層篩灑透入室內，更讓光影變化豐富許多。而磚的設計則能為空間帶來特殊個性，透過復古地磚的鋪陳，也能成為提升空間氣氛的重點關鍵。

· 善用壁紙來裝飾沙發的背牆，二側則以對稱造型規劃線版和壁燈，簡單和諧就能塑造出視覺的焦點。空間設計暨圖片提供｜昱承室內裝修設計

· 在俐落的現代都會古典空間中，拉出多條鏡面設計裝飾天花和立面造型，搭配簡潔的線版勾勒，交織浪漫與時尚氣息。空間設計暨圖片提供｜昱承室內裝修設計

風格裝修重點 · DECORATION POINT

POINT 3

家具家飾

在透過各式建材、線版建立起古典空間的基調後，家具擺飾顯得靈活許多。可以從沙發、茶几、吊燈、櫃體等大件家具著手，根據風格的喜好來調整居家「古典基因」的多寡，譬如，利用造型一盞水晶吊燈凝聚華麗滂薄的貴族氣勢，或以造型簡約現代沙發或金屬吊燈來展現空間時尚個性，演繹出截然不同的古典氛圍。

空間設計暨圖片提供｜成立設計

混搭古典與現代款式，
調配風格濃度

　　古典家具佈置是塑造古典風格關鍵元素之一，不只要有務實的實用性，還有精緻的圖騰雕刻裝飾造型，展現大器的豪宅氣勢。然而，傳統的古典家具、燈飾尺寸都比較大，加上古典居家通常會使用比較多的線板、圖騰或浮雕造型來裝飾硬體背景，一個比例拿捏不當，就很容易產生擁擠的空間感，導致過往有許多人雖偏愛古典風格，卻難以實現。

　　如今隨著時空背景的改變，現代主義興起、住宅坪數縮小，許多古典家具廠商也有意識地去縮小家具的尺寸，並簡化它的造型設計，展現簡潔雅緻的「新」古典家具美學。

大件家具定調古典風格的基因濃度

軍刀腳椅、圓盾椅背、格紋布、鉚釘沙發等經典家具造型元素，即使延續到後來的新古典和美式古典，針對其造型設計予以修正簡化、縮小尺寸，保留其流暢的造型曲線，依舊給人一種古典特有的優雅氣質，並且通過這樣的設計演變，使得古典風格與現代生活更為融合。

若想呈現更簡約、時尚的都會氛圍，許多人也會直接選擇線條俐落的現代單品取代古典家具，如：極簡的皮革沙發、擁有金屬光澤的吊燈或立燈等，於古典空間碰撞出新穎變化，也不會顯得突兀。

造型燈飾創造截然不同的燈光氛圍

希望烘托唯美的古典風格場景，燈飾挑選可說是相當重要，不論是能夠凝聚氣勢的吊燈，或是增添立面光影變化的造型壁燈，對於古典風格的呈現更有畫龍點睛作用。在燈飾造型挑選上，最經典的莫過於光芒外射、璀璨奢華的水晶吊燈，只要擺上一盞就能瞬間提升居家的浪漫氣質，而隨著現代工藝的進步，水晶燈的款式也有更多選擇。

原則上，水晶顆數愈多，視覺效果愈華麗；若想多一點休閒氛圍，可減少水晶顆樹並以鑄鐵勾勒燈具造型。其他像是燭台、油燈、布罩或花草曲線等，也是相當具有古典特色的設計語彙。

當然，燈具選擇也不一定侷限在古典款式，一些帶有金屬質感的吊燈或線燈，也很能融入古典情境，立即提升整體質感，大部分的吊燈多會使用於餐桌上方，既不影響生活動線和機能，也有聚焦視覺的效果。而壁燈大多採取對稱設計，創造「兩兩一組」平衡之美。

· 線版、拱型門、木百葉等架構古典基底，搭配經典的掛畫、吊燈和古典家具，實現屋主理想中的美式風格。空間設計暨圖片提供｜昱承室內裝修設計

· 在法式氛圍的唯美框架下，混搭上俐落的線型吊燈和經典的 Louis Ghost 扶手椅，讓空間多了一份時尚個性。空間設計暨圖片提供｜昱承室內設計

織品軟件堆疊溫馨生活感受

　　由於古典空間的立面和天花通常會有比較多的立體裝飾，空間底色反而會傾向純色、素雅的手法呈現，此時可以運用床簾、地毯、布質抱枕等軟件佈置，點綴空間色彩和溫馨柔軟的生活氛圍，也可以加上一些金絲或絨布材質，爲空間增添雍容貴氣。

掛畫、飾品當點綴增加視覺亮點

　　於比較素面的牆壁上，善用藝術畫作演繹藝術性的人文氛圍，比較道地的歐式古典會以西洋油畫或攝影作品爲主，繁複雕飾的厚重金屬畫框展現宮廷華貴風格；而這樣的元素也延續到近代的美式古典、現代古典時也出現了變化，畫框造型簡單、素材內容也更加多元，可以隨心情和季節做變換，具有畫龍點睛的作用。至於電視牆、玄關或廊道端景處，則可以擺設一些個人蒐藏或裝飾藝術進行佈置，具有裝飾性，也能展現個人品味。

都會優雅‧低調可可灰邂逅古典奢華

空間設計暨圖片提供—大見室所　文—Fran Cheng

　　透過客廳一幅超現實主義名畫『Le fils de l'homme』，設計師將畫中所探討的『在空間中遮蔽與否的可見差異性』轉化至設計理念中，希望藉此凸顯各空間的互動、獨立與藝術氛圍。首先，選定以簡約古典風格來營造出藝術美感，並透過玄關天花、櫃體，以及客廳壁板、拱門、格子門……等洗鍊線條，抹去古典的厚重感、只留下優雅與輕盈。

　　而在格局上則以半高電視牆作為客、餐廳的分野，半遮視線讓客、餐廳兩端既遮蔽卻又可見輪廓的手法，有如名畫所揭示的可見差異性。書房與餐廳間的玻璃隔間則是另一種穿透的隔離。至於走道與客餐區則只以地板異材質作分割，打造無牆面的區隔，不同手法讓每一區域都有明確界線與互動。在色彩與材質上，選擇只用小面積的石材，搭配精緻五金作點綴，並加入優雅的可可色與米色調作為空間主軸，圍塑出低調中又內蘊著奢華的優雅氛圍。

更貼近都會生活的古典奢華

藉由古典但細膩的柔和線條勾勒
出都會感的古典風,再以柔美的
米白與可可色調營造溫潤氣質,
讓人一開門就能感受低調而奢華
的溫馨氛圍。

- **『Le fils de l'homme』成主牆焦點**

  客廳沙發背景以米白色搭配可可灰的古典壁板，既可與沙發互相呼應，色調也延伸拓展至天花與地板，讓空間有放大效果；此外，牆上名畫讓設計的概念與視覺都有了聚焦點。

- **弧形導圓線條勾勒寫意古典**

  不以誇張線條來彰顯古典元素，只藉由洗鍊的線板、格子窗與導圓、弧形轉角等細節來作收邊，呈現出時尚都會感的古典風格；而半高牆的客、餐廳隔間，與走道地板的材質變化，讓空間分野饒具趣味性。

- **客餐廳以雙弧天花拉升屋高**

  以位於客廳與餐廳之間的大樑作為基準線，運用雙弧形天花板向兩側延展拉升，搭配間接燈光的設計，不僅消弭了大樑的突兀與壓迫感，也讓古典空間感更顯唯美輕盈。

- **藍書櫃增添空間層次與色彩**

  圓弧玻璃為書房與餐廳界定分區，但卻讓書房內優雅的藍色書櫃穿透視野，成為公共區的最佳色彩背牆，展現出更豐富的空間層次感。

古典與時尚的品味特調，輕奢法式甜寵宅

空間設計暨圖片提供—昱承室內裝修設計　文—鍾侑玲

居家以法文「douceur（甜蜜）」命名，希望將此意象帶入空間的各個角落，運用法式風格常使用的低彩度配色，以柔和的白色和杏色為主調，搭配些許的金色元素點綴，以及比例精緻的線板勾勒視覺層次，烘托古典風格的雅緻氛圍與一絲低調的奢華質感。

為了讓居家動線更為流暢，把樓梯移動到靠牆位置並轉向玄關，也比較不佔空間，並將屋主和毛孩們的需求一併納入設計要點，梯下尷尬的邊角區域規劃為狗狗專屬的休憩空間；而鮮少開伙的廚房則設置貓跳台和貓咪用餐區，讓家中的所有成員都能在同個空間自然共處。

當然，也不能錯過挑高客廳中高聳落地窗景帶來的廣闊視野和盎然綠意，透過開放格局創造寬敞的空間尺度，也敞開光的流動；並捨棄傳統繁複雕花紋理的古典家具，替換成線條簡潔的現代沙發和家飾佈置，覓得現代與古典之間的完美平衡，洋溢著法式風格獨有的時尚與優雅品味。

善用挑高優勢打造開闊空間氣場

挑高客廳將大片綠意融入室內空間，搭配一座半高電視櫃結合書櫃機能，劃分客廳和書房領域，並使用簡潔的古典線板裝飾壁面，最後將視線聚焦在金色吊燈，宛如水滴跳動般、高低錯落的垂掛方式，展現出優雅而靈動的視覺層次感。

· 將樓梯轉向優化動線和機能

將樓梯轉向創造流暢動線，使客廳有更完整的使用空間；樓梯下方則運用金屬擴張網和英國壁紙，規劃作毛孩的專屬休憩區和一間儲藏室，兼顧美觀和實用的機能設計。

· 魚骨型拼貼木地板豐富視覺效果

全室木地板採取魚骨型拼貼創造「類藤編」的紋理，一路蔓延至廚房壁面，增添視覺豐富性，也讓狗狗踩踏比較舒適、不易打滑；天花則刻意拉出一條鋁槽燈修飾橫樑，搭配可調式燈光功能，輕鬆轉換空間情境氛圍。

· 水晶燈烘托古典奢華質感

根據屋主的使用需求，在客廳和玄關的轉角牆面規劃成排櫃體，提供充足的收納機能；並運用白色銀狐地磚鋪陳地坪，四周圈圍金色飾條彰顯低調的奢華質感；最後再點綴上一盞水晶燈呼應古典華麗氛圍，讓一進門就有亮點！

· 金色元素勾勒衛浴奢華質感

具有奢華表徵的大理石是古典風格的常見元素，這次則被使用在衛浴空間，以雪白的銀狐大理石紋磚鋪貼壁面，再利用大量玫瑰金色元素勾勒線條，包含大面金色復古鏡、金色框的球體吊燈、衛浴銅器等，創造出奢華而優雅的衛浴風情。

風格空間實例 23 · STYLE SAMPLES

收斂線條，
展現低調奢華古典美

· 以天然石材提昇空間奢華感

將古典風的奢華質感反應在材質上，像是在電視牆大
面積鋪貼石材，藉此營造大器感，也巧妙讓石材原始
紋理，豐富灰色主調的空間，不只視覺上增添變化，
更是空間吸睛焦點。

空間設計暨圖片提供｜構設計　文｜喃喃

　　屋主一開始便明確表示喜歡古典風，與此同時也希望家是可以讓人感到放鬆的空
間，為了達成屋主期待，設計師將屬於古典風特有的繁複、華麗設計做簡化，去蕪存菁
只保留了古典風重要元素，藉此讓整體空間沒有華而不實的設計，多了一份簡約、俐落感，
也能更加經典耐看，在空間基底完成後，最後再以中性色調做鋪陳，營造出屬於家的輕
鬆、愜意氛圍。

　　在格局安排上，原有格局不做太多更動，只因應主臥需求擴展空間增加更衣室；由
於原始空間沒有明確的玄關區，難免讓人有進門即可一眼望盡居家空間的突兀感，因此
利用玄關旁的櫥物櫃而非新增隔間牆來區隔出玄關區域，藉此也能減少工程施作；而刻
意規劃的獨立玄關，不只有界定內外功能，讓人在情緒上得到適當緩衝，使用時也能感
覺更舒適而不顯侷促。

- **收整設計元素讓空間更經典耐看**

  刻意淡化風格元素，但在壁面的線板，全部採用灰色烤漆手法，藉此提升空間質感，為簡約優雅的空間，注入屬於古典風的精緻、輕奢感。

- **以風格元素融和內外空間**

  利用經典線板、燈飾、飾品，與略帶華麗感的地磚，圍塑出古典氛圍，接著再採用刷白來與主空間的灰做出區隔，有效提昇玄關明亮、寬闊感，改善位於邊錘位置，容易採光不佳的問題。

風格空間實例 24・STYLE SAMPLES

當鄉村風巧遇美式古典，
打造充滿溫度的優雅美宅

·古典底蘊融入鄉村的生活溫度

餐廚區以屋主喜愛的藍色搭配白色、淺木色爲主要色
彩，並加入更多的鄉村風格元素，如：鑄鐵吊燈、木
作吧檯和木紋壁紙等，在自然採光烘托下，帶出清新
舒適的鄉村氛圍，又不失古典的優雅和細膩質感。

空間設計暨圖片提供｜昱承室內裝修設計　文｜鍾侑玲

　　每個「家」都有各自的 DNA，表現在動線、格局或美學的所有細節規劃上，融入
屋主的實際生活需求打造出它的獨特樣貌，譬如這座「非典型」的古典風格宅，融合古
典的雅緻、美式的休閒，再帶入些許的鄉村和工業風格元素，成功特調出空間最舒心自
在的模樣。

　　整體規劃以低彩度配色營造沉靜氛圍，加入簡約的線版、白色木百葉、白色玻璃格
子門和壁爐造型的電視牆，勾勒高雅的古典空間基底；並在客廳與玄關、客房、餐廚區
之間，運用三座拱門造型取代方正的門框來界定場域，也呼應沙發單椅的優雅曲線，讓
家的面貌更爲溫柔。

　　同時，配合柱體厚度將客廳收納整合於同一牆面隱藏式收納，結合線版裝飾櫃體門
片，讓天花與壁面呈現一致設計感，不只充滿古典情調、增添大容量的收納機能，也讓
櫃體隱於無形，放大空間的尺度。

深藍絨布沙發點綴空間亮點

客廳運用大量的線版裝飾在天花和立面造型,巧妙隱藏了櫃體門片的位置,創造簡潔而優雅的空間感;配色則以低彩度的大地色系為主軸,刻意挑選二張藍色絨布單人沙發點綴出視覺的亮點,為空間增添活力!

復古地磚敘寫居家的古典序章

運用造型拱門創造獨立的玄關落塵區,並利用二側退縮空間規劃一整排收納櫃拉齊視線,搭配線板造型門片彰顯古典韻味,呼應經典復古的黑白色地磚和一盞鄉村風格鑄鐵吊燈,讓人一踏入家門就能感受到溫馨懷舊的歸屬感。

透過格局重整，陰暗老屋變身輕奢古典宅

加入灰階更沉穩耐看

刻意在粉嫩色彩裡，加入一點灰階，藉此可調降粉色系給人的少女感，增添較為成熟雅致印象，而藉由加入一點灰，也可為空間帶來寧靜、沉穩氛圍，讓睡寢空間更具放鬆療癒感。

空間設計暨圖片提供｜構設計　文｜喃喃

　　這個約五十坪的老房子，最大的問題是因為格局規劃不佳，顯得空間陰暗缺乏採光，而且難以利用，因此第一件事便是將格局重新佈局，把私人領域的臥房移到空間後段，而屬於公領域的客廳、餐廳與琴房，則延著採光面逐一安排，同時並採開放式格局規劃來串聯三個空間，讓公共區域不只採光明亮、極具開闊感，改善過去陰暗空間感，全家人也能舒適地在這個空間裡彼此交流、互動。

　　屋主喜歡古典風的浪漫，因此居家風格定調為古典風，不過捨棄傳統古典風的複繁設計，以線條俐落的線板與低彩度色彩進行搭配，形塑出一個更加俐落且耐看的空間架構，在材質上則適度使用仿玉石磚、大理石磚、鍍鈦線板等較具奢華感的建材，來堆疊出古典風的華麗質感，同時提昇空間精緻度，自然帶出古典風空間特有的輕奢氣息。

· **通透格局引入充沛光線**

　　格局經過重整，且以開放格局規劃，來維
持空間的明亮與開闊感，只在琴房採用格
窗滑門，讓空間具備彈性使用機能，全室
以白做色彩主調，除了是呼應空間風格，
也能凸顯大面採光優勢。

· **營造古典奢華印象**

　　玄關兩側規劃了大量收納，並採用線板來
美化立面，且呼應空間風格，地坪與開放
收納部分，以仿大理石磚做鋪貼，藉由表
面紋理豐富視覺，也讓人一進門即能感受
到濃濃的古典風氛圍。

Q1 如何選擇適合自己的居家風格？

隨著國人愈來愈重視居家環境的舒適，對空間美感要求更高，愈來愈多人希
望打造出一個可以展現自我個人品味，同時符合一家人生活習慣的居家空
間，然而風格百百種，如何在眾多風格中，找到適合自己的風格？建議先從
以下幾點來做思考：

1. 預算

不同裝潢風格不只使用的建材、家具風格不同，根據使用的多寡也會讓整體
裝潢價格出現差異，像是鄉村風或古典風木作較多，喜歡使用較為奢華的建
材，因此裝潢成本可能會略高於其它風格，最好依經濟能力與現有資源做好
預算分配與規劃。

2. 格局、房型

大空間不會因空間大小而受侷限，但小空間容易因繁複的設計造成壓迫感，
因此小空間不適合太奢華，或設計元素複雜的風格，建議以簡約的風格做為
空間主軸比較適合。

3. 生活習慣

在選擇居家風格時，回頭檢視自己的生活習慣，例如：喜歡東西收乾淨，還是喜歡展示出來，有些風格著重家飾品的陳列，像是鄉村風，至於現代風則傾向隱藏起來，營造俐落感，因此平時生活習慣，也是挑選居家風格時的重要參考。

Q2 聽說工業風就是不多做裝潢，這樣是不是比較省錢？

那可不一定！雖說工業風標榜直接裸露建材不做過多裝飾，但居家空間畢竟無法像倉庫一樣完全不做修飾，像是管線裸露，其實是需要設計師事前做出精細排列，才能展現出隨興又不過於雜亂的效果，至於常見運用於工業風的水泥，材料雖然不貴，但施工要求較高，所以不見得會比鋪貼一般磁磚更便宜。基本上若想藉由某種居家風格達到省錢目的有其難度，風格的選擇只是空間美感的基礎架構，一般來說裝潢時建材的選擇，及空間格局是否更動，對於預算的增減，會比較有明顯的影響。

Q3 怎麼和設計師溝通，做出我想要的裝潢風格呢？

事前做好功課，最好拿圖片一起討論。居家空間除了要表現出居住者的個性，
同時也要符合生活習性，因此建議可先回想一下，或將每天的生活順序一一
記錄下來，標出使用頻率較高的空間，甚至是行動路線，接著上網收集喜歡
的圖片，不限於空間照，在溝通過程中藉由你的生活記錄與風格圖片的提示，
設計師才能從中了解你的生活習性、喜好風格，然後藉此量身打造出更貼近
你的居家空間。

Q4 家裡雜物很多，也能走極簡的現代風嗎？

一般人對現代居家風格的印象，大多都是沒有多餘的東西，空間相當簡潔，
若是家中雜物較多的人可能會望之卻步，其實不論哪種風格，收納一直是居
家空間裡重要的一環，只是在設計手法上表現不同。現代風的收納機能，大
多採用隱藏櫥櫃設計，藉由顏色與牆面一致，或是將收納櫃做得和牆面、樑

柱等高等寬，藉此收整成一個乾淨的立面，同時再搭配融入門片的隱藏式把手設計、彈壓五金，來讓門片變不見，以製造出簡潔的視覺效果。不過收納櫃設計只是輔助收納功能，若家中雜物多，最重要的還是要思考平時的收納習慣，再來決定是否適合簡潔的現代風。

Q5 想要空間看起來簡約，又不想要看起來太冰冷，應該選擇哪種風格？

可以考慮同樣較為簡約的北歐風或日式風。若想要空間看起來簡潔，又具有家的溫馨感受，會建議選擇北歐風或日式風格，這兩種風格裝潢以修飾空間線條為主，不會有太多造型木作，因此整體空間框架看起來比較簡約，家具家飾材質選用上，則以木質調、天然棉麻等材質為主，因此會比現代風多了一些暖度，至於色彩部分，喜歡活潑明亮色彩適合北歐風，日式風格多以大地色系、白色為主，呈現的是理性、沉靜的空間氛圍。

Q6 現在很流行某種居家風格，應該跟隨流行追求同樣的居家風格嗎？

首先，家應該是一個可以讓你放鬆、休息的空間，但每個人對於能放鬆下來的空間條件要求不同，因此哪種風格比較好，或是哪種風格比較療癒，其實並沒有一個標準答案。建議事先收集資料，提供更多資訊，並多和設計師溝通，才能從中找到適合自己的居家風格。不同時期自然流行不同的空間風格，即便是屋主本人，也可能受到周遭影響，而在想法上有所改變，此時不妨與室內設計師多做一點討論，不必對風格過於執著，有時或許經過設計師專業的風格混搭，反而更能完成理想中的居家空間。

Q7 很喜歡古典風，小坪數真的不適合嗎？

古典風空間，一般來說大多會在天花、壁面、門板上有比較多線板造型，使用材建質也偏好略為奢華的建材，如：大理石、水晶、鏡面來進行裝飾，由於空間元素豐富，坪數若是太小，很容易造成壓迫感。不過隨著時代演進，

現在的古典風大多會融入現代線條，簡化過去繁複的設計元素，讓整個空間看起來簡約，卻仍不失古典風該有的細緻優雅，而透過風格元素精簡，也會更適合現在居家空間坪數愈來愈小的趨勢。

Q8 想知道小坪數空間適合哪種居家風格？

小坪數空間最容易遇到的問題，就是空間裡設計元素過多，而造成空間變得狹隘、有壓迫感，為了化解空間過小問題，最好的做法就是簡化空間元素，避免壓迫到使用空間，同時又能達到放大空間目的。建議可選擇極簡的現代風、北歐風或日式風，現代風雖然感覺略帶冷調，但相對地，簡潔的空間不易產生壓迫感；若是喜歡展示個人生活小物，且希望空間更具溫馨感，則適合北歐風和日式風格，其中日式無印風在收納部分有更細緻的設計規劃，適合空間小但東西多的人。

Q9 想搭配居家風格，應該如何選購家具？

家具家飾的選配，對於空間風格有著一定影響，因此若已經確定了主要風格，那麼在挑選家具家飾時，最好可以參考該風格的配色、使用材質重點，依循這樣的規則，可以降低出錯率，也能讓空間風格更到位，若是有找設計師來設計裝潢空間，那麼可請設計師協助挑選，讓整體風格可以更一致。

Q10 如果是租屋，也能有風格嗎？

可利用軟裝裝飾，讓風格到位。現在買房不易，大部分的人都是租屋，因此無法進行施工裝修，此時會建議，利用家具、家飾、窗簾、寢具、油漆等軟裝，來完成你想要的居家空間風格，由於這些都是可移動的物品，不需動到任何大型施工，而且好裝好拆卸，相對來說會簡單許多，不過事前最好先和房東確認可動工區域，以免事後發生爭議。

Q11 是不是一定要找設計師，才能打造出我想要的居家？

其實居家風格，應該是由居住在這個空間裡的人來決定，設計師的角色一般
是輔助屋主更了解自己的生活習慣、喜好品味，然後再來進行空間打造，過
程中通常會連佈置一起進行，或適當給予屋主建議。若是請設計師，雖然不
用自己動手，但最好還是做一點功課，讓設計師可以更了解你，如此才能確
實打造出你想要的空間。

想要自己打造風格居家也可以，不過除了硬體的裝修之外，軟裝佈置也要自
己來，此時除了風格物件的挑選之外，還要顧及家具大小尺寸、織品材質、
家飾數量等等，建議可事前做好規劃再來進行採購，比較不會失準買錯，若
無法一次到位，可先配置大型物件，小型物件或裝飾品，可慢慢添購。

DESIGNER **DATA**

一畝綠設計

03-656-1055
acregreen2012@gmail.com
302 新竹縣竹北市六家五路一段 318 號 3 樓

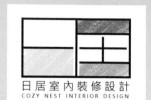

日居室內裝修設計有限公司

02-2883-3570
CNdesign250@gmail.com
111 台北市士林區大東路 162 號 5 樓

大見室所設計工作室

04-2372-0370
bigsense55@gmail.com
403 台中市西區公館路 162 號

成立設計

07-359-6363
cl668668@gmail.com
813 高雄市左營區文康路 155 號

木介空間設計

06-298-8376
mujie.art@gmail.com
708 台南市安平區文平路 479 號 2 樓

昱承室內裝修設計

02-2327-8957
uchdesign888@gmail.com
100 台北市中正區南昌路一段 65 號 4 樓

浩特空間設計 Hotter Interior Design

0975-390-963
105 台北市松山區光復南路 22 巷 44 號

帷圓 · 定制

02-2208-1935
circle716@hotmail.com
220 新北市板橋區國慶路 3 號 1 樓

原晨設計

02-8522-2712
yuanchendesign@kimo.com
242 新北市新莊區榮華路二段 77 號 21 樓

庵設計

0911-366-760
an.yangarch@gmail.com
310 新竹縣竹東鎮民德路 64 號 12 樓 2 層

常溫設計

0933-547-685
bryanlookwarm@gmail.com
114 台北市內湖區東湖八段 123 巷 18 號 6F

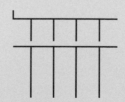

無一設計有限公司

02-2517-7405
woonccedesign@gmail.com
104 台北市中山區遼寧街 223 號 1 樓

創研空間

02-2775-2860

service@cplust.com

106 台北市大安區仁愛路四段 147 號 9 樓

裏心空間設計

02-2341-1722

rsi2id@gmail.com

100 台北市中正區杭州南路一段 18 巷 8 號 1 樓

維度空間設計有限公司

07-231-6633

service.didkh@gmail.com

801 高雄市前金區成功一路 476 號

構設計

02-8913-7522

madegodesign@gmail.com

231 新北市新店區中央路 179-1 號 1 樓

風格裝修基礎課

2023 年 01 月 01 日初版第一刷發行

作　　者　東販編輯部
編　　輯　王玉瑤
採訪編輯　Celine・Fran Cheng・喃喃・陳佳歆・鍾侑玲
封面・版型設計　謝捲子
特約美編　梁淑娟
發 行 人　若森稔雄
發 行 所　台灣東販股份有限公司
　　　　　＜地址＞台北市南京東路 4 段 130 號 2F-1
　　　　　＜電話＞ (02)2577-8878
　　　　　＜傳真＞ (02)2577-8896
　　　　　＜網址＞ http://www.tohan.com.tw
郵撥帳號　1405049-4
法律顧問　蕭雄淋律師
總 經 銷　聯合發行股份有限公司
　　　　　＜電話＞ (02)2917-8022

TOHAN

風格裝修基礎課 / 東販編輯部作 .
 -- 初版 . -- 臺北市：
臺灣東販股份有限公司 , 2023.01
216　面；17×23 公分
ISBN 978-626-329-633-6（平裝）

1.CST: 家庭佈置 2.CST: 空間設計

422.5　　　　　　　　　　　　111019435